# Chevaux
## et poneys

Koulan

Cavalière et jeune fille, portant un costume traditionnel espagnol, chevauchant un andalou gris pommelé

Statuette grecque en bronze, VIe siècle av. J.-C, Grumentum, (sud de l'Italie)

Éperon à molette en cuivre, vers 1800, Amérique du Sud

Armure de cheval offerte à Henri VIII, vers 1515

Âne attelé à une charrette prête à partir au marché

Plaque de bronze représentant un guerrier à cheval, fin du XVIe siècle, Niger

# Chevaux
## et poneys

Fer usagé et ses clous

Pied tridactyle d'un fossile d'*Anchitherium*

par
**Juliet Clutton-Brock**

Photographies originales
de Jerry Young et Karl Shone

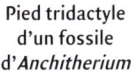
Zèbre des montagnes

Ferrure d'un shire

Cheval gris pommelé sautant un obstacle

## LES YEUX DE LA DÉCOUVERTE
GALLIMARD JEUNESSE

Cheval timbalier et son cavalier

Âne irlandais tirant une charrette

## COMMENT ACCÉDER À LA GALERIE PHOTOS DU LIVRE ET À UNE SÉLECTION DE LIENS INTERNET

**1 - SE CONNECTER**
Rendez-vous sur le site Internet de Gallimard Jeunesse : www.gallimard-jeunesse.fr. Tapez le titre du livre dans l'outil de recherche du site. Vous accéderez alors directement à la page Internet de cet ouvrage.

**2 - TÉLÉCHARGER DES IMAGES**
Une galerie de photos est accessible sur cette page Internet. Vous pouvez y télécharger des images libres de droits pour un usage personnel et non commercial.

**3 - CONSULTER DES SITES INTERNET**
Sur cette page Internet, nous vous proposons une sélection de liens Internet particulièrement intéressants et riches sur les sujets traités dans ce livre.

**IMPORTANT :**
• Demandez toujours la permission à un adulte avant de vous connecter au réseau Internet.
• Ne donnez jamais d'informations sur vous.
• Ne donnez jamais rendez-vous à quelqu'un que vous avez rencontré sur Internet.
• Si un site vous demande de vous inscrire avec votre nom et votre adresse e-mail, demandez d'abord la permission à un adulte.
• Ne répondez jamais aux messages d'un inconnu, parlez-en à un adulte.

**NOTE AUX PARENTS :** Gallimard Jeunesse vérifie et met à jour régulièrement les liens sélectionnés ; leur contenu peut cependant changer. Gallimard Jeunesse ne peut être tenu pour responsable que du contenu de son propre site. Nous recommandons que les enfants utilisent Internet en présence d'un adulte, ne fréquentent pas les *chats* et utilisent un ordinateur équipé d'un filtre pour éviter les sites non recommandables.

Archer à cheval, Ve siècle av. J.-C.

Calèche à la française, vers 1880

Deux chevaux de Prjevalski

Cheval palomino harnaché d'une selle et d'un bridon « western »

Collection créée par Pierre Marchand et Peter Kindersley

ISBN 978-2-07-065188-7
La conception de cette collection est le fruit d'une collaboration entre les Éditions Gallimard et Dorling Kindersley
© Dorling Kindersley Limited, Londres 1992
© Éditions Gallimard, Paris 1992-2007-2013, pour l'édition française
Loi n° 49-956 du 16 juillet 1949 sur les publications destinées à la jeunesse.
Pour les pages 64 à 71 :
© Dorling Kindersley Ltd, Londres 2003
Édition française des pages 64 à 71 :
© Éditions Gallimard, Paris 2003-2007-2013
Traduction : Véronique Dreyfus - Édition : Éric Pierrat
Préparation : Lorène Bücher
Pour cette nouvelle édition : PAO : Didier Gatepaille
Lecture : Sylvette Tollard
Dépôt légal : mars 2013 - N° d'édition : 249160
Imprimé en Chine par South China Printing Co., Ltd

Paire de chevaux gris tirant un phaéton anglais de 1840

# Sommaire

Les équidés n'ont qu'un doigt   6

Comment devient-on cheval?   8

Le solipède, un coureur de fond   10

Ils ont le sens de la famille   12

Les premiers pas avant le galop   14

Tous les ânes   16

Qui sont ces drôles de zèbres?   18

Leurs ancêtres auraient 10 000 ans   20

Les chevaux de l'histoire   22

L'âne ne bâcle pas son travail   24

Mulets et bardots, de vigoureux mélanges   26

Le maréchal-ferrant est à pied d'œuvre   28

Tout ce qu'il faut pour conduire son cheval   30

Le cheval, monture des conquérants   32

À la découverte des Amériques   34

On achève bien les chevaux sauvages   36

Ils ont le sang chaud ou froid   38

Des robes de toutes les couleurs   40

Le cheval s'en va-t'en guerre   42

La chevalerie   44

Paire de gelderlands hollandais tirant un «vaisseau de la prairie»

Les chevaux du voyage   46

Les voitures hippomobiles   48

Les chevaux de trait   50

La marche vers le cheval-vapeur   52

Les traits légers   54

Cavaliers des Amériques   56

Sur les champs de courses   58

L'équitation se risque au jeu   60

À l'école du poney   62

Le saviez-vous?   64

L'identification des chevaux   66

Pour en savoir plus   68

Glossaire   70

Index   72

# Les équidés n'ont qu'un doigt

Les chevaux, les ânes et les zèbres appartiennent tous à la même famille de mammifères : les équidés. On les appelle également solipèdes, car ils ont un sabot non fendu à chaque pied. Reposant sur le sol par un nombre impair de doigts, les équidés se classent, tout comme leurs proches cousins, le rhinocéros et le tapir, dans l'ordre des périssodactyles. Tous les équidés sont herbivores, vivent dans de grands espaces et dépendent de la vitesse de leur course pour échapper à leurs prédateurs. Animaux au comportement social (p. 12), ils vivent en groupes familiaux qui, réunis, constituent le troupeau. Ils couvrent des distances considérables à la recherche de nourriture et d'eau mais aussi, par temps chaud, pour échapper aux insectes qui les importunent. Bien qu'il existe de grands écarts de taille entre les différentes races de chevaux domestiques (pp. 38-41), elles appartiennent toutes à la même espèce : *Equus caballus*. Ainsi le poney est-il un cheval dont la taille est inférieure à 147 cm.

▲ **« À cheval gendarme, à pied bourguignon... »**
Le cheval à bascule, fait de bois et dont les sabots sont fixés sur des ressorts ou une bascule, est un jouet traditionnel depuis des centaines d'années.

▲ **Une miniature écossaise**
Le shetland est la plus petite des anciennes races de poneys. Celui-ci a 7 ans et mesure 81 cm de haut. C'est un animal rustique. Il a besoin de peu de nourriture et peut porter de lourdes charges (p. 62). Malgré sa petite taille, son dos large et son tempérament ombrageux l'interdisent aux tout jeunes enfants.

- Crinière
- Garrot
- Toupet
- Liste en tête
- Bout de nez
- Dos
- Fesse
- Flanc
- Cuisse
- Jarret
- Canon
- Queue longue et fournie
- Muscles de l'encolure très développés assurant la traction de lourdes charges
- Côtes
- Passage des sangle
- Pointe de l'épaule
- Poitrail
- Pointe du coude
- Avant-bras
- Gorge
- Boulet
- « Genou »
- Pied (sabot)
- Paturon
- Couronne

### Les ânes et les zèbres ▶
En dehors du cheval, les autres solipèdes sont : l'âne sauvage d'Asie, ou hémione (pp. 16-17) ; l'âne sauvage d'Afrique (pp. 16-17 et 21), qui est l'ancêtre de l'âne domestique (pp. 24-25), et les zèbres (pp. 18-19).

Labels on image:
- Absence de toupet
- Tête massive
- Bout du nez foncé
- Large oreille à extrémité foncée
- Crinière courte et droite
- Longue oreille dressée
- Bout du nez blanc
- Teinte marron clair entre les rayures noires
- Ventre pâle
- Bout du nez foncé
- Koulan : un des ânes sauvages d'Asie
- Baudet du Poitou
- Zèbres de Chapman : mère et son petit

## Comment prendre les mesures d'un cheval
On mesure la hauteur du sol à la pointe du garrot ; la longueur de la pointe de l'épaule à la pointe de la fesse. La largeur, ou ampleur, se rapporte à l'épaisseur du corps mesurée par la saillie latérale des côtes.

Labels:
- Dos large
- Croupe
- La queue est souvent « surcouée » c'est-à-dire écourtée.
- Longs poils
- Énorme pied

### ◀ Le plus grand cheval du monde
Le shire fut tout d'abord élevé dans les Midlands, région du centre de l'Angleterre, pour les travaux de la ferme et la traction de lourdes charges (pp. 50-53). Cette race se distingue par une taille et un poids importants, et de longs poils sur le bas des membres. Le cheval présenté ici s'appelle King, il est le plus grand du monde (198 cm au garrot) et pèse environ 1 tonne.

### ▲ La licorne
Ce cheval mythique a une longue corne torsadée au milieu du front. Sur les armoiries, il apparaît avec une queue de lion et deux sabots à chaque pied.

### ▲ Cavaliers à l'européenne
Cette sculpture sur bois représentant des hommes et des animaux est l'œuvre des Ibo du Nigeria. Les vêtements des cavaliers dénotent une influence européenne et une certaine richesse. Le léopard et le serpent sont des symboles de pouvoir, tandis que la mère et l'enfant montrent l'importance de la famille dans la société tribale.

7

# Comment devient-on cheval ?

Il s'est écoulé environ 55 millions d'années entre les équidés d'aujourd'hui et leur premier ancêtre. Ce quadrupède, baptisé *Hyracotherium* et parfois appelé *Eohippus*, avait la taille d'un gros lièvre. C'était un herbivore pourvu de 4 doigts aux membres antérieurs et de 3 aux membres postérieurs. Il vivait à l'Éocène dans les forêts d'Europe, d'Amérique du Nord et d'Asie orientale. Comme l'indiquent les fossiles, ce petit animal s'est transformé très progressivement en un mammifère à 3 doigts et, plus tard, à un seul sabot. *Mesohippus*, à l'Oligocène, il y a 37 millions d'années, se nourrissait de feuillage grâce à une denture adéquate (pp. 10-11). Suite à l'apparition de grandes surfaces herbeuses pendant le Miocène (20 millions d'années), ces animaux s'adaptèrent à leur nouvel environnement : des membres plus développés pour couvrir de plus longues distances et échapper aux prédateurs, ainsi qu'une denture leur permettant de se nourrir d'herbes dures. Le premier équidé véritablement herbivore est *Merychippus*, auquel succéda *Pliohippus*, le premier solipède. Cette évolution a abouti à *Equus* au Pléistocène (2 millions d'années).

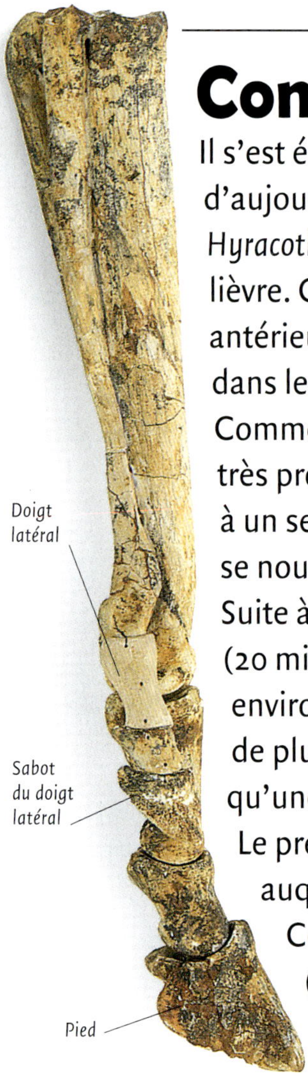

**Vue latérale du membre postérieur gauche d'*Hipparion***

**Vue de face d'un membre postérieur d'*Hipparion***

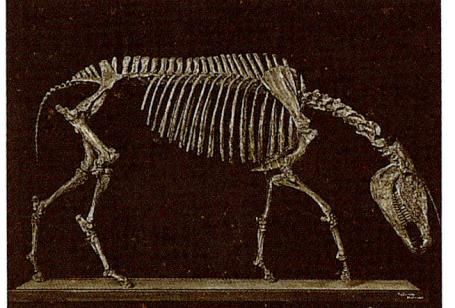

**◀ Cousin d'Amérique**
Ce squelette est celui d'*Hippidion*, équidé à un seul sabot aujourd'hui disparu, qui évolua en Amérique centrale avant de se répandre en Amérique du Sud. Son descendant, *Onohippidion*, y survécut jusqu'à il y a 12 000 ans. Son extinction fut accélérée par l'arrivée des premiers chasseurs à la fin de l'ère glaciaire.

**▲ Le dernier cheval tridactyle**
*Hipparion* était un équidé à 3 doigts parfaitement adapté à son environnement. Il était herbivore, comme en témoignent les fossiles (ici une vue latérale du crâne) retrouvés en de nombreux endroits d'Europe, d'Asie et d'Afrique. Il disparut en Afrique, il y a environ 125 000 ans.

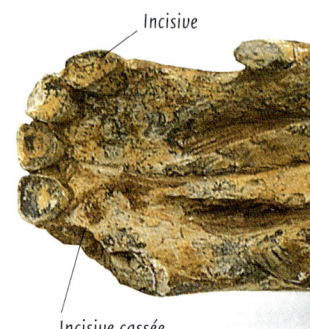

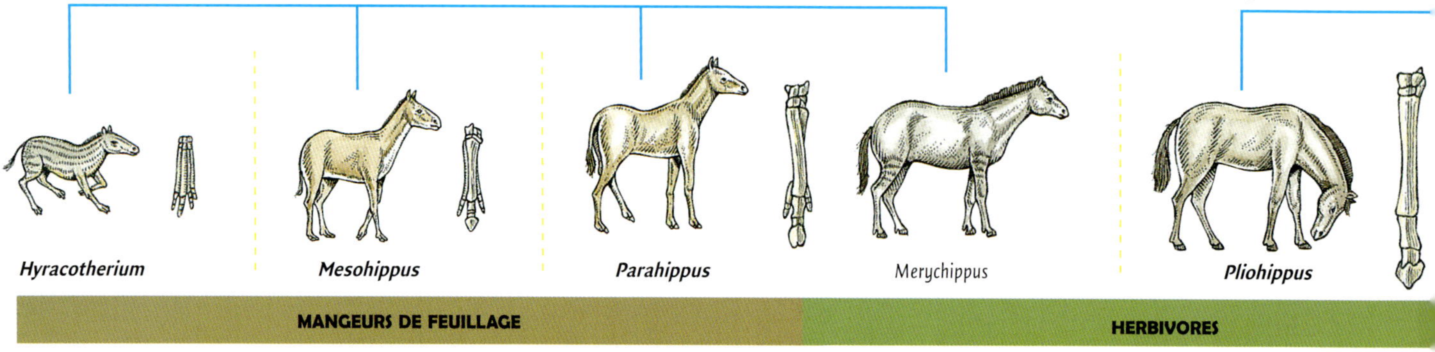

| 4 doigts et 3 orteils | 3 doigts | 3 doigts | 3 doigts | 1 doigt |
|---|---|---|---|---|
| *Hyracotherium* | *Mesohippus* | *Parahippus* | *Merychippus* | *Pliohippus* |

**MANGEURS DE FEUILLAGE** — **HERBIVORES**

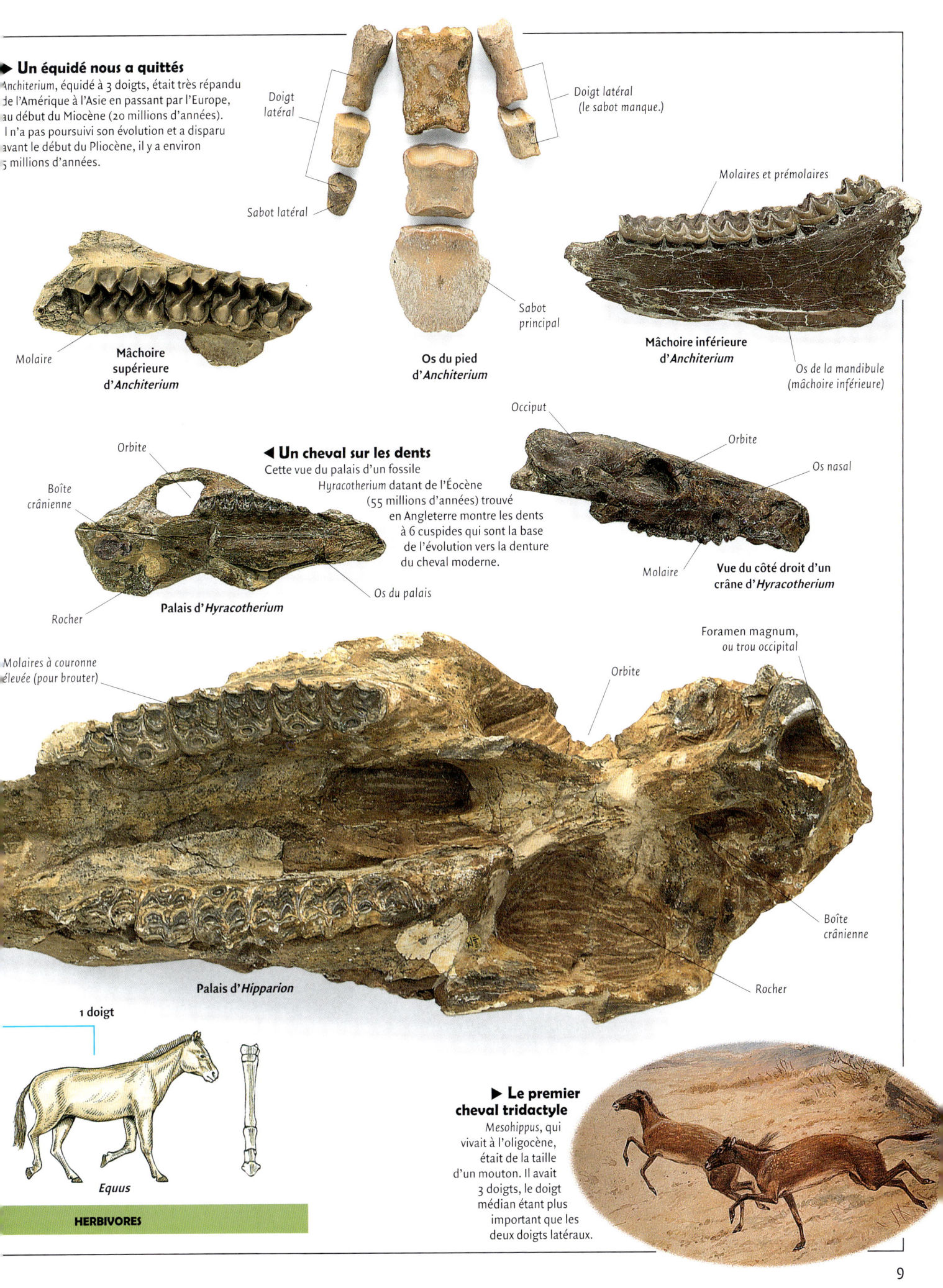

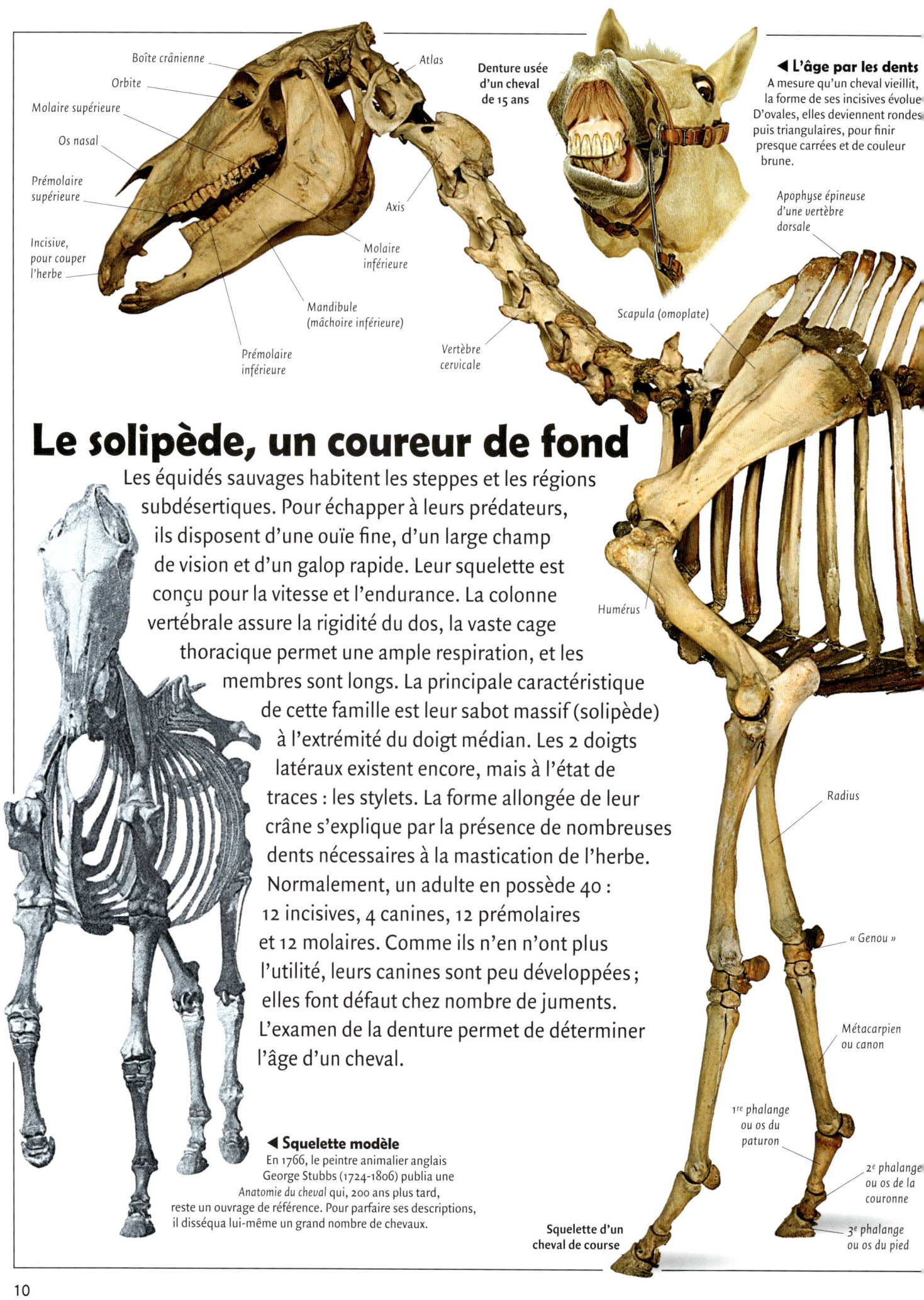

Boîte crânienne
Orbite
Molaire supérieure
Os nasal
Prémolaire supérieure
Incisive, pour couper l'herbe
Atlas
Denture usée d'un cheval de 15 ans
Axis
Molaire inférieure
Mandibule (mâchoire inférieure)
Prémolaire inférieure
Vertèbre cervicale
Scapula (omoplate)
Humérus
Radius
« Genou »
Métacarpien ou canon
1re phalange ou os du paturon
2e phalange ou os de la couronne
3e phalange ou os du pied
Apophyse épineuse d'une vertèbre dorsale

◀ **L'âge par les dents**
A mesure qu'un cheval vieillit, la forme de ses incisives évolue. D'ovales, elles deviennent rondes puis triangulaires, pour finir presque carrées et de couleur brune.

# Le solipède, un coureur de fond

Les équidés sauvages habitent les steppes et les régions subdésertiques. Pour échapper à leurs prédateurs, ils disposent d'une ouïe fine, d'un large champ de vision et d'un galop rapide. Leur squelette est conçu pour la vitesse et l'endurance. La colonne vertébrale assure la rigidité du dos, la vaste cage thoracique permet une ample respiration, et les membres sont longs. La principale caractéristique de cette famille est leur sabot massif (solipède) à l'extrémité du doigt médian. Les 2 doigts latéraux existent encore, mais à l'état de traces : les stylets. La forme allongée de leur crâne s'explique par la présence de nombreuses dents nécessaires à la mastication de l'herbe. Normalement, un adulte en possède 40 : 12 incisives, 4 canines, 12 prémolaires et 12 molaires. Comme ils n'en n'ont plus l'utilité, leurs canines sont peu développées ; elles font défaut chez nombre de juments. L'examen de la denture permet de déterminer l'âge d'un cheval.

◀ **Squelette modèle**
En 1766, le peintre animalier anglais George Stubbs (1724-1806) publia une *Anatomie du cheval* qui, 200 ans plus tard, reste un ouvrage de référence. Pour parfaire ses descriptions, il disséqua lui-même un grand nombre de chevaux.

Squelette d'un cheval de course

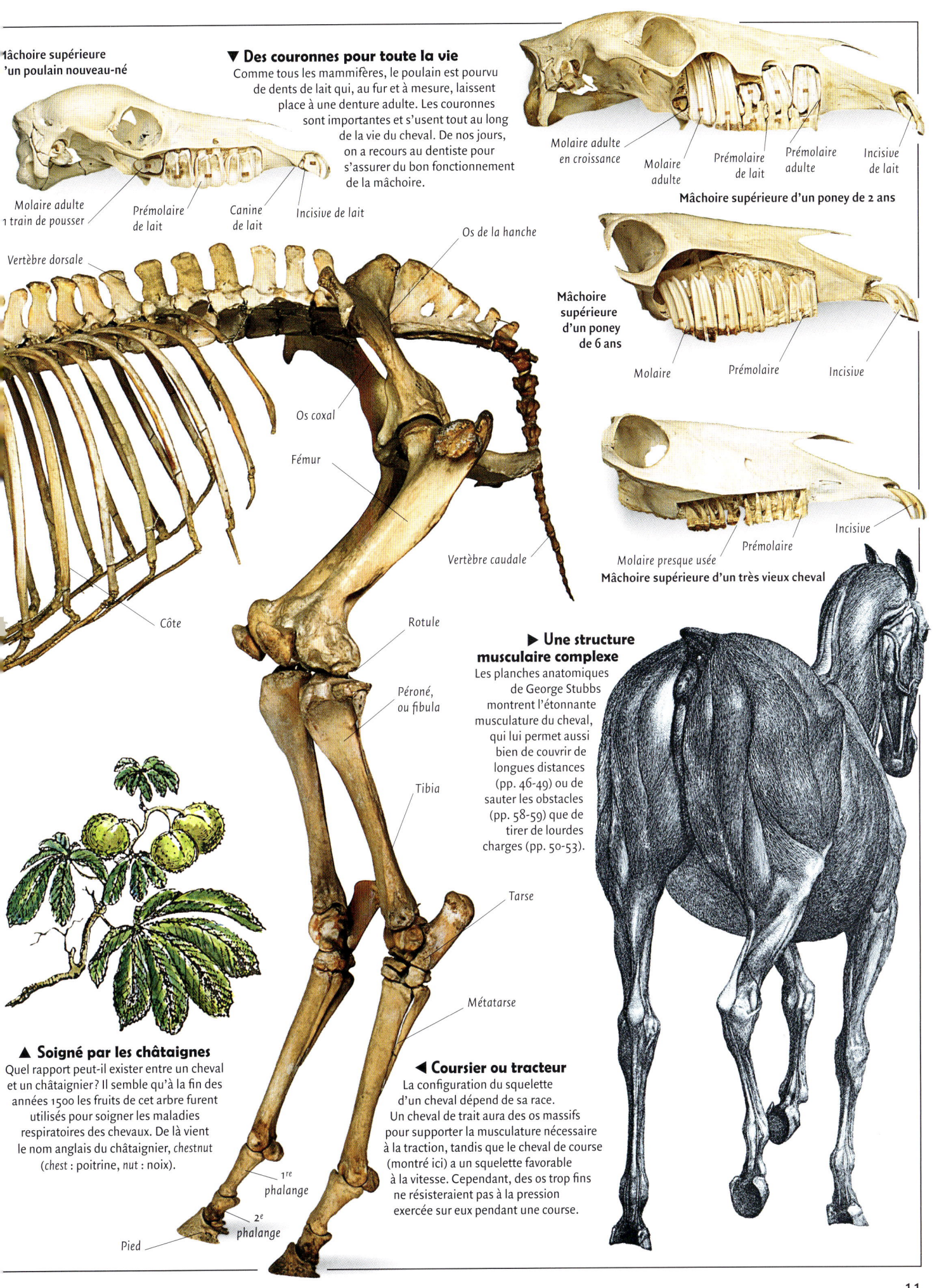

Mâchoire supérieure d'un poulain nouveau-né

Molaire adulte en train de pousser · Prémolaire de lait · Canine de lait · Incisive de lait

### ▼ Des couronnes pour toute la vie
Comme tous les mammifères, le poulain est pourvu de dents de lait qui, au fur et à mesure, laissent place à une denture adulte. Les couronnes sont importantes et s'usent tout au long de la vie du cheval. De nos jours, on a recours au dentiste pour s'assurer du bon fonctionnement de la mâchoire.

Molaire adulte en croissance · Molaire adulte · Prémolaire de lait · Prémolaire adulte · Incisive de lait

Mâchoire supérieure d'un poney de 2 ans

Mâchoire supérieure d'un poney de 6 ans

Molaire · Prémolaire · Incisive

Molaire presque usée · Prémolaire · Incisive

Mâchoire supérieure d'un très vieux cheval

Vertèbre dorsale · Os de la hanche · Os coxal · Fémur · Vertèbre caudale · Rotule · Péroné, ou fibula · Tibia · Tarse · Métatarse · 1re phalange · 2e phalange · Pied · Côte

### ▶ Une structure musculaire complexe
Les planches anatomiques de George Stubbs montrent l'étonnante musculature du cheval, qui lui permet aussi bien de couvrir de longues distances (pp. 46-49) ou de sauter les obstacles (pp. 58-59) que de tirer de lourdes charges (pp. 50-53).

### ▲ Soigné par les châtaignes
Quel rapport peut-il exister entre un cheval et un châtaignier ? Il semble qu'à la fin des années 1500 les fruits de cet arbre furent utilisés pour soigner les maladies respiratoires des chevaux. De là vient le nom anglais du châtaignier, *chestnut* (*chest* : poitrine, *nut* : noix).

### ◀ Coursier ou tracteur
La configuration du squelette d'un cheval dépend de sa race. Un cheval de trait aura des os massifs pour supporter la musculature nécessaire à la traction, tandis que le cheval de course (montré ici) a un squelette favorable à la vitesse. Cependant, des os trop fins ne résisteraient pas à la pression exercée sur eux pendant une course.

# Ils ont le sens de la famille

Chez les chevaux, les ânes et les zèbres, les sens de la vue, de l'ouïe et de l'odorat sont beaucoup plus développés que chez l'homme. La tête du cheval est longue, car elle doit abriter non seulement une denture importante mais aussi les organes olfactifs. Les yeux, placés de chaque côté de la tête, donnent au cheval un champ de vision de 355°. Les oreilles sont grandes, et chez l'âne très longues, de façon à pivoter dans la direction du moindre bruit. Par nature, le cheval est sociable et éprouve de l'attachement pour les autres membres de son groupe ; il transfère facilement cette loyauté à son propriétaire. Une fois ce lien établi, il fera l'impossible pour obéir aux ordres, aussi durs soient-ils. C'est pour cette raison que le cheval a été à la fois cruellement traité et profondément aimé par l'homme. Les chevaux et les ânes domestiques conservent néanmoins les instincts et les comportements de l'état sauvage : ils défendent leur territoire, nourrissent leurs poulains et recherchent la compagnie, tout comme le font les espèces qui vivent dans la nature.

**Oreilles en arrière :** crainte ou colère

**Oreilles en avant :** intérêt ou curiosité

**Une oreille en avant, l'autre en arrière :** perplexité

▲ **Expression corporelle**
Les oreilles ont un double rôle : percevoir les sons et émettre des signaux visuels. Ci-dessus, les oreilles de ce mulet dirigées vers l'arrière indiquent peur ou colère ; vers l'avant, intérêt et curiosité ; l'une en avant, l'autre en arrière, perplexité et incertitude.

▲ **Toilette de choc**
Ce poney se roule sur le sol. C'est une façon de faire sa toilette : il relaxe ses muscles et se débarrasse de son po mort, de la saleté collée à sa robe et de ses parasites.

*Les oreilles couchées sont signe de mécontentement.*

*Coup de pied*

◀ **Attention aux ruades**
Les oreilles en arrière et les coups de pied d'intimidation indiquent que ces deux koulans ou ânes sauvages d'Asie ne s'apprécient pas

*Zèbre hennissant pour prévenir le troupeau d'un danger*

▶ **Protection du territoire et de la famille**
Se cabrer et chercher à se frapper avec les membres antérieurs est normal chez les équidés. Cependant, ils s'en tiennent généralement aux menaces exprimées à l'aide des oreilles, de la queue et du sabot. Les étalons se battent pour leur territoire et pour leurs femelles, comme le font ces deux poneys irlandais.

Le cheval de tête, ignorant les ordres du cocher, s'arrête pour boire.

▶ **À vue de nez**
Après avoir reniflé l'urine d'une jument en chaleur, cet étalon retrousse sa lèvre supérieure ; les émanations excitent alors son organe voméro-nasal et provoquent le stimulus sexuel qui lui permettra de la saillir.

Le mordillement de la crinière est réservé aux individus étrangers au troupeau.

▼ **Une rencontre**
Les deux chevaux de Prjevalski (pp. 20-21), de deux groupes différents, se livrent au rituel d'identification pour savoir lequel dominera l'autre.

▲ **Les meilleurs amis du monde**
Les chevaux se tiennent souvent tête-bêche, se grattant mutuellement la crinière et le dos. Ces séances de toilettage durent en général quelques minutes, et leur fréquence varie selon les saisons.

Les oreilles baissées sont une réaction au mordillement de la crinière.

# Les premiers pas avant le galop

Chez tous les équidés, la femelle donne naissance à un petit (rarement à des jumeaux) après une période de gestation de onze à douze mois. Les mises bas se font au début du printemps, au moment de la pousse de l'herbe. C'est un gros effort pour la mère que de produire un petit chaque année, à la même époque. À peine né, celui-ci doit pouvoir suivre la transhumance du troupeau. Cette condition est vitale, car les chevaux, les ânes (pp. 16-17) et les zèbres (pp. 18-19) sont des herbivores qui vivent dans de vastes espaces à la recherche de leur nourriture, et qui sont donc une proie facile pour les grands prédateurs comme les lions en Afrique. Le nouveau-né est sur ses pieds une heure après sa naissance et, bien qu'il tète sa mère pendant à peu près une année, il va très tôt commencer à brouter. Entre 1 et 4 ans, on appelle la femelle « pouliche », le mâle, « poulain ». À l'état sauvage, les poulains quittent d'eux-mêmes leur mère pour former un nouveau troupeau.

▲ **Un ventre prometteur**
Le gros ventre de cette jument palomino (p. 38) indique qu'elle va bientôt pouliner. Les juments, dans la nature, ont tendance à s'acquitter de cette tâche très vite, tandis que les juments de race demandent une surveillance étroite.

▲ **Couper le cordon**
La jument se repose quelques minutes après avoir donné naissance à son poulain encore partiellement enveloppé dans la poche amniotique. Bientôt, le petit en se débattant, ou la mère, en se levant, rompra le cordon ombilical par lequel le poulain a été nourri pendant toute la gestation.

▲ **Tout propre et au sec**
La jument s'est relevée et procède à la minutieuse toilette de son petit en le léchant, activant ainsi sa circulation et son séchage.

Les oreilles pointées de ce jeune zèbre indiquent son éveil.

▶ **La mère et son petit**
Il faudra trois ans à ce jeune zèbre de Chapman (pp. 18-19) pour devenir aussi grand que sa mère. Les liens familiaux sont très forts chez les zèbres, et tous les adultes assurent la protection des jeunes contre les dangers.

Jument zèbre de 6 ans et son poulain de 3 mois

◀ **Le vaccin maternel**
À peine debout, le jeune poulain part à la recherche de la mamelle de sa mère et tète instantanément. Le premier lait s'appelle le colostrum et contient tous les anticorps nécessaires à l'immunisation du poulain contre les maladies.

▶ **Premiers pas**
Alors que sa mère écarte les importuns, le jeune s'essaie à marcher.

▶ **Prenez garde !**
Bien que cette jument shire (pp. 50-51, 53) descende de chevaux domestiques depuis 1000 ans, elle a conservé l'instinct de ses ancêtres sauvages et reste constamment sur ses gardes auprès de son poulain.

L'oreille est aux aguets.

La mère protège son poulain.

Hauteur au garrot : 117 cm

Jument shire de 10 ans avec son petit de 5 semaines

▶ **Déjà fringant**
Un nouveau-né est debout moins de une heure après sa naissance et doit aussitôt être capable de suivre sa mère, particulièrement s'il vit à l'état sauvage.

Hauteur au garrot : 180 cm

▶ **Demi-sommeil**
Le poulain a besoin de beaucoup de repos, mais peut se remettre sur ses pieds à tout instant s'il le faut.

# Tous les ânes

Il existe deux espèces d'ânes sauvages, qui ne sont pas plus proches l'une de l'autre que ne le sont le cheval et le zèbre. En effet, si l'on tente des croisements, on obtient des hybrides stériles (p. 18-19, 26-27). Ces deux espèces sont les ânes sauvages d'Afrique – *Equus asinus* – que l'on rencontrait, il n'y a pas si longtemps encore, dans le Sahara, et les ânes sauvages d'Asie – l'hémione, *Equus hemionus* – répandus du Proche-Orient en Mongolie et au Tibet. Tous les ânes sauvages se ressemblent : tête massive, longues oreilles, crinière courte, absence de toupet, jambes minces et queue dont seule la moitié terminale porte des crins. L'espèce africaine est l'ancêtre de notre âne domestique (p. 24-25). Elle est de couleur grise avec le ventre blanc et une bande médio-dorsale sombre ; les épaules portent souvent des raies. Une sous-espèce a les membres fortement rayés. L'âne d'Asie possède beaucoup de caractères chevalins. Il est rougeâtre et n'a pas de rayures, à l'exception d'une ligne foncée sur le dos. Ces ânes sauvages se sont adaptés à l'environnement des régions semi-désertiques. Ils se contentent d'herbe sèche et de buissons épineux. Aujourd'hui, ils sont tous menacés par la chasse, et leur habitat se réduit.

▲ **Chasse à l'âne**
Cette scène, qui provient de frise du palais de Ninive en Assyrie et dat de 645 av. J.-C., montre une chass à l'hémione. On capturait ces animau pour les croiser (p. 26-27) avec de ânes domestiques ou des chevaux

▶ **Liberté protégée**
Parmi les ânes africains, celui de Somalie, *Equus asinus somalicus*, est le seul qui ait survécu à l'état sauvage. Des spécimens ont été transportés dans une réserve en Israël dans l'espoir de préserver l'espèce dont l'habitat originel est l'Éthiopie et la Somalie, ravagées par la guerre.

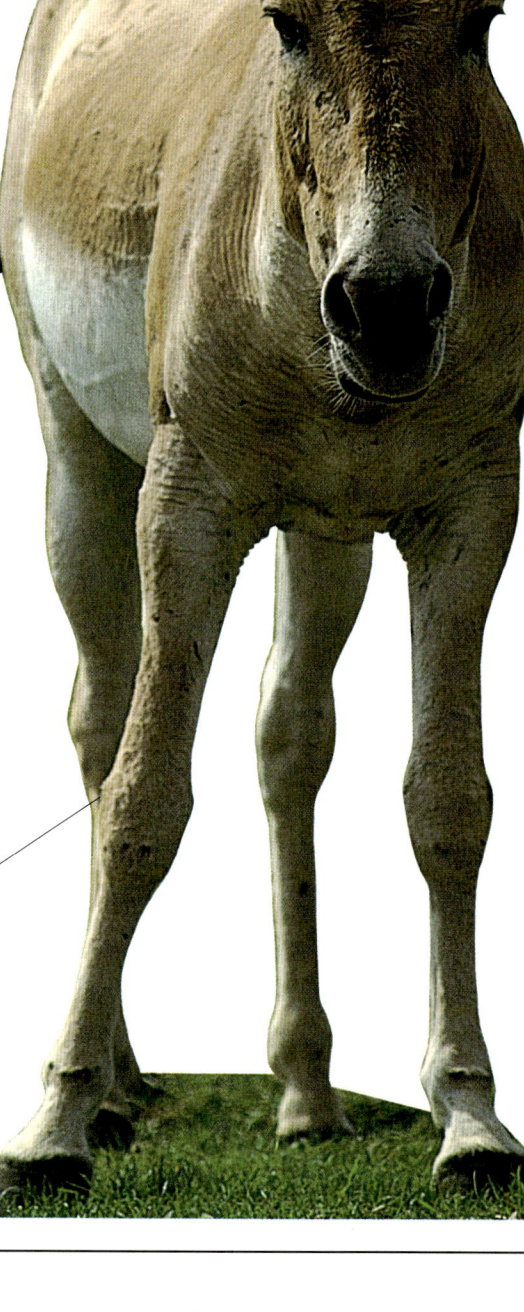

*Jambe longue et de couleur pâle*

◀ **Porté disparu**
L'âne de Nubie (*Equus asinus africanus*) a sans doute aujourd'hui disparu. Il différait de l'âne de Somalie par une bande noire transversale sur les épaules et par l'absence de rayures horizontales sur les jambes.

## ▲ L'âne indien
L'onagre de l'Inde, ou khur (Equus hemionus khur), vit dans le désert de Kutch, au nord-ouest de l'Inde. Comme tous les équidés, les khurs vivent en groupes conduits par une vieille femelle. En dehors de la saison de monte, au début de l'été, les mâles et les femelles vivent en troupeaux séparés.

*Grande oreille à extrémité noire*
*Absence de toupet*
*Tête massive*
*Crinière courte, marron clair*
*Bout du nez sombre*
*Bande noire le long du dos*
*Ventre presque blanc*
*Onagre*

## ▲ L'âne persan
Les onagres de Perse (Equus hemionus onager) vivaient en grands troupeaux qui transhumaient dans les déserts d'Iran. Aujourd'hui, très peu survivent à l'état sauvage. Cet onagre peut soutenir sur de longues distances une allure de 40 à 50 km/h et franchir des obstacles de plus de 2 m, ce qui le rapproche des performances des meilleurs chevaux de course et de sport.

## ▶ L'indomptable koulan
Le koulan (Equus hemionus kulan) vit dans les déserts de Turkménie, à l'est de la mer Caspienne. Sa hauteur au garrot est de 112 à 122 cm. L'hiver, il lui pousse un poil très épais de couleur brun-jaune qui le protège des vents glacés soufflant des montagnes. Bien que l'on pense que le koulan a été jadis croisé avec des ânes et des chevaux pour obtenir des hybrides résistants, c'est un âne qui n'a jamais pu être domestiqué. Pour les besoins de la science, on en capture de temps à autre quelques très rares spécimens.

## ▲ Quel âne !
Le kiang du Tibet (Equus hemionus kiang) mesure jusqu'à 150 cm au garrot. C'est le plus grand des ânes sauvages, et il est sacré pour les Tibétains. Cependant, il est en voie d'extinction par suite de la chasse qu'on lui fait et de la disparition de son habitat.

Cet objet a appartenu à la reine Puabi (vers 2500 av. J.-C.). Il a été retrouvé dans une sépulture royale à Ur en Mésopotamie.

17

# Qui sont ces drôles de zèbres ?

Aujourd'hui, les zèbres ne vivent qu'en Afrique, bien qu'à une époque leurs ancêtres aient existé en Amérique du Nord. On distingue le zèbre de Chapman, le zèbre de montagne et le zèbre de Grévy. Les trois espèces ont chacune des caractères et un comportement spécifiques. Elles se différencient également par le dessin de leurs zébrures. Nous connaissons mieux le zèbre de Chapman, le seul équidé sauvage encore abondant, bien que deux des cinq sous-espèces aient été exterminées (ainsi du couagga, qui habitait le sud de l'Afrique, disparu en 1883). Les zèbres sont en général très sociaux. Ils se rassemblent en importants troupeaux et passent des heures à leur toilette, se mordillant mutuellement la crinière et le garrot. On se demande pourquoi ils sont rayés puisqu'ils n'utilisent pas ce camouflage pour se dérober à l'œil des prédateurs, lions et hyènes, mais serrent au contraire les rangs pour se défendre.

*Grande oreille arrondie*

▲ **Des oreilles expressives**
Le zèbre de Grévy, qui habite brousse et steppes, utilise ses oreilles pour signaler les dangers à ses congénères.

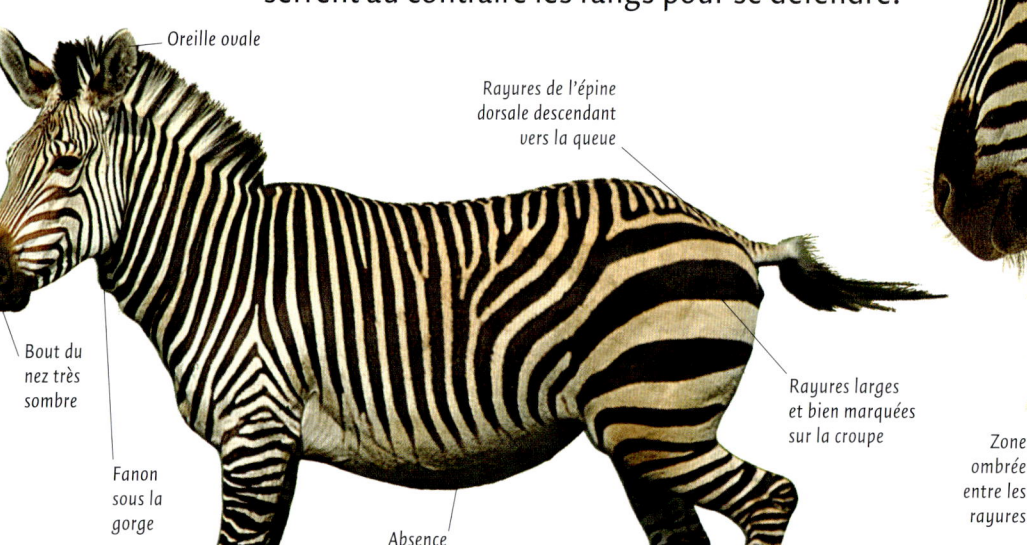

*Oreille blanche à extrémité noire*

*Oreille ovale*

*Rayures de l'épine dorsale descendant vers la queue*

*Bout du nez très sombre*

*Fanon sous la gorge*

*Rayures plus fines sur les jambes*

*Absence de rayures sur le ventre*

*Rayures larges et bien marquées sur la croupe*

*Zone ombrée entre les rayures*

*La queue, comme celle d'un âne, est poilue à l'extrémité seulement.*

**Femelle du zèbre de montagne de 7 ans**

▲ **Bon grimpeur**
Espèce presque éteinte, le zèbre de montagne (Equus zebra) se rencontre en petites hardes dans les contreforts montagneux de la province du Cap, en Afrique du Sud, et sur la côte de l'Angola. Comme le zèbre de Chapman, il mesure en moyenne 130 cm au garrot. On estime qu'il n'en reste de par le monde qu'une petite centaine.

**Femelle du zèbre de Chapman de 6 ans et son poulain de 3 mois**

◀ **Un zébroïde**
Les différentes espèces d'équidés peuvent se croiser entre elles mais ne produisent que des hybrides stériles (pp. 26-27). Celui-ci est issu du croisement entre un zèbre et un cheval.

▲ **Le zèbre de Chapman**
Equus antiquorum mesure environ 132 cm au garrot. Il peuplait autrefois tout l'est et le sud de l'Afrique, du Soudan au Cap. Il est toujours très répandu dans les grandes réserves. Les jeunes mâles vivent en groupe, puis fondent à leur tour une famille. Extrêmement sociaux, ils iront à la recherche d'un des leurs s'il porté manquant.

Bande dorsale, large et noire

Rayures très fines sur le front et le chanfrein

◀ **Le zèbre de Grévy** ▶
C'est l'espèce qui vit le plus au nord, en petits troupeaux, dans les régions semi-désertiques du Kenya, de l'Éthiopie et de la Somalie. Avec une taille variant entre 140 et 160 cm, c'est le plus grand de tous les zèbres. On le croit issu d'un rameau primitif de la famille des équidés.

Oreille arrondie

Absence de toupet

Tache brune en forme de V sur le nez

Haute crinière dressée

Zone blanche des deux côtés de la bande dorsale

Bandes noires, étroites et peu espacées sur fond blanc

Ventre blanc

**Deux femelles de zèbre de Grévy âgées de 3 ou 4 ans**

Pied large

Les rayures descendent jusqu'au pied.

Ombre marron entre les raies noires

La bande dorsale noire s'amenuise vers la queue.

Les rayures deviennent horizontales autour des hanches.

Intérieur des jambes blanc, sans rayure

▲ **Le Couagga, proie des Boers**
Les premiers explorateurs de l'Afrique australe découvrirent d'immenses troupeaux de couaggas en cours de migration annuelle. Tous ces animaux furent chassés intensivement par les Boers qui consommaient leur viande et tannaient leur cuir. Quelques spécimens survécurent dans les zoos jusqu'à la disparition du dernier, à Amsterdam en 1883.

▲ **Croisés**
Le croisement entre un zèbre mâle et une ânesse peut donner des animaux marron clair avec de très fines rayures comme ces zébrydes au Zimbabwe, en Afrique australe. Le croisement d'un âne et d'un zèbre femelle donne un zébret. De nombreux zoos pratiquent avec succès ce genre d'expériences.

19

# Leurs ancêtres auraient 10 000 ans

Grâce à des fossiles, nous savons qu'à la fin de la dernière ère glaciaire, il y a 10 000 ans, des millions de chevaux vivaient à l'état sauvage, aussi bien dans toute l'Europe qu'en Asie du Nord et centrale. Ils appartenaient à l'espèce *Equus prjevalskii*, et se déplaçaient en troupeaux dans les prairies, couvrant des centaines de kilomètres au cours de leurs migrations annuelles. Puis le climat a changé, la forêt a succédé à la prairie, et le nombre de chevaux a diminué considérablement, tant à cause de la disparition de leur habitat naturel que par le prélèvement cynégétique de l'homme. Il y a 5 000 ans, les premiers chevaux sauvages, parmi les rares qui restaient, furent domestiqués en Europe de l'Est puis de l'Ouest (p. 22-23). Tous les chevaux domestiques descendent de ces chevaux-là et se regroupent en une seule sous-espèce, *Equus p. caballus*. Toutefois, il a subsisté jusqu'à une période assez récente deux sous-espèces du cheval sauvage : le tarpan, *Equus p. gmelini*, en Russie ; le cheval de Prjevalski, *Equus p. prjevalskii*, en Mongolie.

▲ **Chevaux sauvages d'antan**
Au XVIIIe siècle, des voyageurs traversant les steppes de Russie ont fait état de troupeaux de petits chevaux sauvages, certains d'entre eux étant probablement issus de chevaux domestiques (p. 36-37). Les derniers tarpans disparurent au début du XIXe siècle. De nos jours, en Pologne, on a recréé à partir de races anciennes comme le konik un type de poney très proche du tarpan.

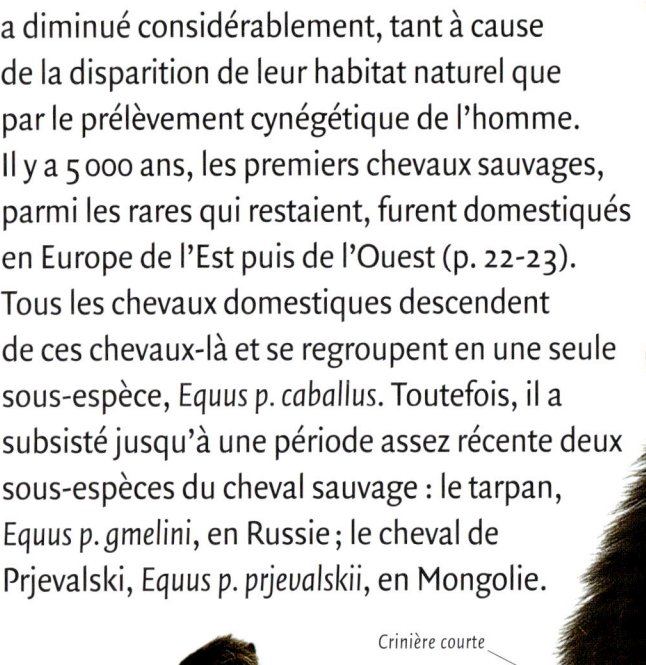

*Hauteur au garrot 132-142 cm*

*Crinière courte*

*Toupet court*

*Couleur claire, bout du nez pâle, typiques du cheval sauvage*

▲ **Un poney anglais très ancien**
L'exmoor est un poney de race très ancienne qui ressemble beaucoup au tarpan et au poney sauvage de l'Europe de l'Est. Il vit en troupeaux dans les landes d'Exmoor, au sud-ouest de l'Angleterre.

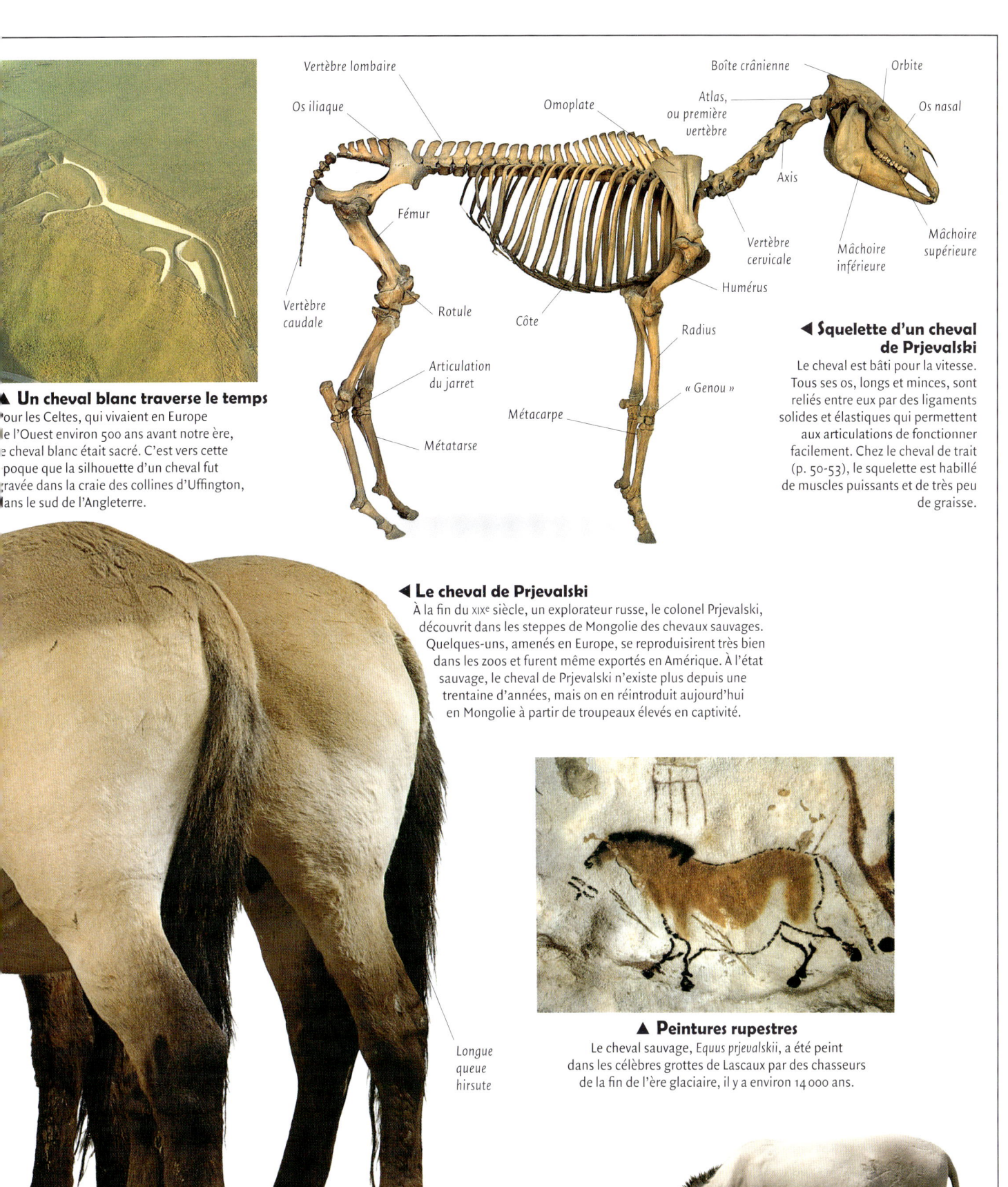

▲ **Un cheval blanc traverse le temps**
Pour les Celtes, qui vivaient en Europe de l'Ouest environ 500 ans avant notre ère, le cheval blanc était sacré. C'est vers cette époque que la silhouette d'un cheval fut gravée dans la craie des collines d'Uffington, dans le sud de l'Angleterre.

◀ **Squelette d'un cheval de Prjevalski**
Le cheval est bâti pour la vitesse. Tous ses os, longs et minces, sont reliés entre eux par des ligaments solides et élastiques qui permettent aux articulations de fonctionner facilement. Chez le cheval de trait (p. 50-53), le squelette est habillé de muscles puissants et de très peu de graisse.

◀ **Le cheval de Prjevalski**
À la fin du XIXe siècle, un explorateur russe, le colonel Prjevalski, découvrit dans les steppes de Mongolie des chevaux sauvages. Quelques-uns, amenés en Europe, se reproduisirent très bien dans les zoos et furent même exportés en Amérique. À l'état sauvage, le cheval de Prjevalski n'existe plus depuis une trentaine d'années, mais on en réintroduit aujourd'hui en Mongolie à partir de troupeaux élevés en captivité.

▲ **Peintures rupestres**
Le cheval sauvage, *Equus prjevalskii*, a été peint dans les célèbres grottes de Lascaux par des chasseurs de la fin de l'ère glaciaire, il y a environ 14 000 ans.

▶ **L'âne sauvage d'Afrique**
Ancêtre de tous les ânes domestiques (p. 24-25), *Equus asinus* existe encore, mais en très petit nombre, dans l'est du Sahara. Il est menacé d'extinction.

Groupe de chevaux de Prjevalski

# Les chevaux de l'Histoire

La plus ancienne preuve de la domestication du cheval que nous possédons remonte à 6 000 ans, dans les steppes de l'Ukraine, au nord de la mer Noire, où des peuplades vivaient avec des troupeaux de chevaux et de bétail. Au même moment, l'âne sauvage d'Afrique (p. 16-17) était domestiqué dans l'ancienne Égypte et en Arabie. Tout d'abord, chevaux et ânes furent seulement attelés par paires à des chars, qui bientôt devinrent le symbole des rois qui les menaient à la bataille, aux parades ou à la chasse. À l'époque d'Homère, le grand poète grec du IXe siècle av. J.-C., chevaux et ânes étaient montés ; ils étaient devenus un moyen de transport habituel (p. 46-49), mais les chars restaient un instrument de guerre (p. 42-43). Les Grecs et les Romains de la période classique construisirent des stades et organisèrent, pour des foules immenses, des courses de chars (p. 58, 60).

▲ **Les chevaux du soleil**
Cette tête de cheval, provenant du Parthénon (Ve siècle av. J.-C.) à Athènes, est l'une des plus belles sculptures de tous les temps. La légende veut qu'il s'agisse de l'un des quatre chevaux qui tiraient chaque jour le char du Soleil, de l'Orient à l'Occident.

▲ **Ânes harnachés**
Voici une très ancienne représentation sur mosaïque d'ânes attelés à un char à 4 roues ; elle fut découverte dans une tombe royale de la ville d'Ur en basse Mésopotamie (vers 2500 av. J.-C.).

◀ **Coursier volant**
Pégase était un cheval ailé légendaire qui, selon la mythologie grecque, avait jailli du cou de Méduse lorsque Persée, fils de Zeus, avait tranché la tête de ce monstre. Le cheval s'envola vers l'Olympe où il se mit au service de Zeus. Il fut capturé par Athéna, la déesse de la Raison, qui le dressa avec une bride d'or pour l'offrir à Bellérophon. Après la mort de celui-ci, Pégase remonta chez les dieux. Il fut transformé en constellation. Cette gravure étrusque sur bronze date d'environ 300 ans av. J.-C.

▲ **Cheval de guerre**
Cette terre cuite trouvée à Chypre représente sans doute un guerrier assyrien (VIIe siècle av. J.-C.) ; il tient un bouclier, son cheval porte une cuirasse au poitrail et un cimier.

▶ **Mi-homme, mi-cheval**
Le mythe des centaures, mi-hommes, mi-chevaux vivant dans les montagnes, pourrait provenir d'anciens Grecs qui, voyant pour la première fois en Thessalie des cavaliers, les prirent pour de nouvelles créatures. Cette sculpture du Parthénon (temple d'Athéna Parthénos construit à l'initiative de Périclès au Ve siècle av. J.-C.) montre le combat entre un centaure et un Lapithe, habitant de Thessalie.

### ▲ Les quatre chevaux de Venise
Attribués à un sculpteur grec du nom de Lysippe (né à Sicyone vers 390 av. J.-C.), ces magnifiques chevaux de bronze furent transportés en 1204 de Constantinople (aujourd'hui Istanbul) à la basilique Saint-Marc de Venise. Expédiés à Paris par Napoléon Bonaparte en 1797, ils furent restitués aux Vénitiens en 1815.

### ▲ Marque indélébile
Le marquage au fer est utilisé depuis plus de 2 000 ans. On le considère comme un titre de propriété du cheval. Cette mosaïque fut découverte à Carthage (cité fondée en 814 av. J.-C. par les Phéniciens en Tunisie) et montre le passe-temps favori des riches propriétaires terriens : la chasse.

### ◀ La guerre de Troie
Les Grecs prirent la ville de Troie, au XIIe siècle av. J.-C., en cachant des soldats dans un gigantesque cheval de bois que les Troyens, pensant qu'il avait été abandonné, poussèrent à l'intérieur de leurs murs. Des soldats en sortirent pour ouvrir les portes de la cité au reste de l'armée grecque.

### ▲ Des chevaux chinois
Les Chinois ont toujours vénéré leurs chevaux, et, pendant la dynastie Tang (de 618 à 907), de nombreux modèles de terre cuite furent créés, dont la valeur artistique est encore appréciée aujourd'hui. Fabriqués en pièces détachées qui étaient assemblées ensuite, ils étaient peints au cobalt, une substance bleutée extrêmement rare à cette époque.

# L'âne ne bâcle pas son travail

L'âne domestique, *Equus asinus asinus*, descend de l'âne sauvage d'Afrique, *Equus asinus* (p. 16-17), qui vit dans les régions arides du Sahara et de l'Arabie. Dans cet environnement hostile, il s'est forgé une force et une endurance qui lui permettent de porter de lourdes charges sur de longues distances, en buvant et en s'alimentant très peu. C'est pourquoi le valeureux animal fut élevé un peu partout dans le monde pour le bât et divers travaux agricoles. En France, cependant, ce qui a surtout fait la valeur de l'âne, c'est la facilité de son accouplement avec la jument ; c'est comme père du mulet (p. 26-27) qu'il fut apprécié. De nos jours, l'âne n'est plus employé aux travaux de la ferme, mais son caractère doux le fait rechercher comme animal de compagnie. Ce qui lui convient bien, car, comme tous les équidés, il a besoin de vivre en société pour s'épanouir.

▲ **Jésus sur un âne**
À l'époque du Christ, l'âne était un moyen de transport courant à Jérusalem. C'est la monture qu'emprunta la Sainte Famille pour fuir en Égypte. Et c'est sur un âne, symbole d'humilité, que Jésus fit son entrée triomphale à Jérusalem, le jour des Rameaux.

▶ **Vers de nouveaux pâturages**
Dans le sud de l'Espagne, l'âne est encore utilisé pour les travaux de la ferme. Ces jeunes paysans montés sur un âne mènent leurs chèvres aux champs.

▲ **Être sur la paille**
Il est encore fréquent, dans les pays méditerranéens, de voir des ânes piétiner l'aire de battage pour séparer la paille du grain.

▶ **De corvée d'eau**
Dans le désert, l'eau est la plus précieuse des ressources, et, souvent, il faut aller la chercher loin. Cette Tunisienne porte son enfant sur le dos et mène un âne au puits.

Rêne

Branche à fourche de la croupière

Brancard

Marchepied

**Voiture à âne du milieu du XIXe siècle**

oreille
longue,
permettant
à l'animal
de s'éventer

Bout du nez
blanc, typique

Poil adulte, épais et foncé

### ➤ Les géants du Poitou
L'élevage mulassier est une tradition vendéenne et poitevine. On croisait des juments de bonne taille avec des baudets du Poitou pour obtenir de solides mulets de travail (p. 26-27). Mesurant 142 cm au garrot, le poil long et de couleur sombre, le baudet du Poitou est le plus grand de tous les ânes. Chaque année a lieu à Mirebeau, dans la Vienne, une importante foire aux ânes.

Ventre blanc

Membre mince

Une famille : le mâle (5 ans), la femelle (9 ans) et leur petit de 11 mois

### ◀ Mémoires d'un âne
Femme de lettres française, Sophie Rostopchine, comtesse de Ségur (1799-1874), est l'auteur de nombreux ouvrages pour les enfants, dont *Mémoires d'un âne*, qui relate dans un récit édifiant les aventures de l'âne Cadichon.

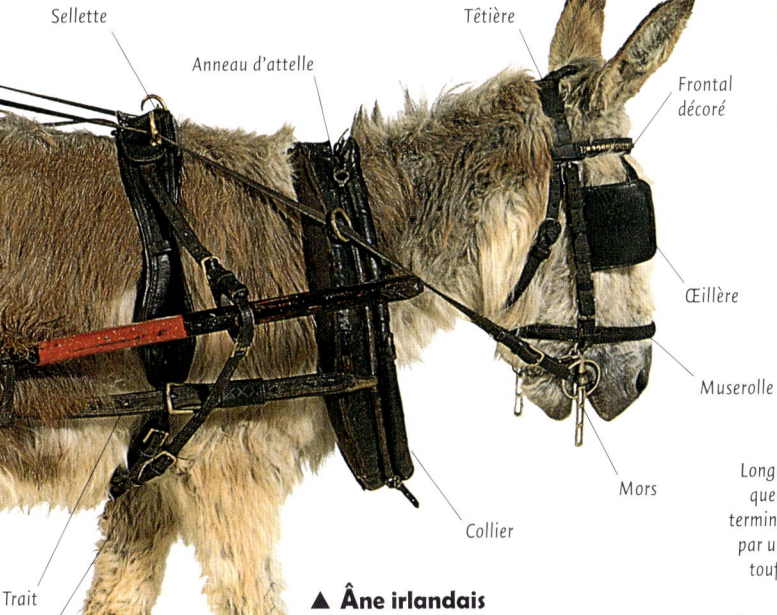

Sellette

Anneau d'attelle

Têtière

Frontal décoré

Œillère

Muserolle

Mors

Collier

Trait

Sangle

Âne irlandais de 10 ans (117 cm)

### ▲ Âne irlandais
Élevé depuis des siècles en Irlande, l'âne s'est adapté à son nouvel environnement, tellement différent des pays désertiques de ses origines. Ses jambes sont plus courtes, et son poil épais l'aide à supporter les rigueurs du climat.

### ▲ Ânes africains
Ces ânes, qui vivent en semi-liberté sur les terres d'une vaste exploitation kenyane, s'abreuvent à un point d'eau. Ils doivent savoir se défendre contre panthères, hyènes et autres prédateurs.

Grande oreille

Longue queue terminée par une touffe

Pied bien taillé

### ▲ L'âne blanc
Aujourd'hui considérés comme des animaux de compagnie, les ânes font l'objet de croisements pour améliorer leur apparence, comme ceux-ci, au poil blanc et bouclé. Il y a très longtemps, les ânes blancs étaient les montures favorites des rois.

25

# Mulets et bardots, de vigoureux mélanges

Ce sont les Sumériens, en Mésopotamie, qui, il y a plus de 4 000 ans, furent les premiers à croiser des chevaux et des ânes pour obtenir des mulets et des bardots. Des auteurs romains racontent comment on élevait des ânes mâles dans un troupeau de chevaux pour les habituer à leur futur rôle d'étalon. Pendant de nombreux siècles, les mules et les mulets ont été utilisés pour le bât (p. 46-47). Ils peuvent porter d'énormes charges car ils combinent l'endurance de l'âne et la force du cheval. Les mulets aiment la compagnie et font merveille lorsqu'ils sont plusieurs. Ainsi, autrefois, on les dressait à suivre l'un des leurs muni d'une cloche, ce qui permettait les déplacements de nuit. Toutes les espèces de la famille des équidés peuvent se croiser entre elles (p. 18-19), mais les hybrides, même s'ils sont en pleine santé, sont toujours stériles. Le mulet est souvent plus grand que l'âne et parfois que le cheval.

*Collier de poitrail*
*Longue oreille de baudet*

Ce mulet mange de l'avoine dans une musette à picotin suspendue derrière ses oreilles. Cela évite de le dételer pendant une dure journée de travail.

▲ **Équipages pour l'éternité**
Cette fresque ornant une tombe égyptienne de 1400 av. J.-C. montre, au-dessus, une paire de chevaux attelés à un chariot. En dessous, deux bardots blancs, eux aussi harnachés ; leurs petites oreilles, leur encolure droite, la bande noire sur l'épaule et la queue en houppette indiquent qu'il s'agit bien là de bardots.

*Cage à canards*

*De grandes roues rendent la traction plus facile.*

▲ **Attelés à la tâche**
Les charrettes à mulets sont toujours utilisées en Asie et n'ont guère changé depuis 3 000 ans. Cependant la méthode de harnachement s'est améliorée, elle est passée du timon central entre deux chevaux aux brancards, inventés il y a environ 2 000 ans. Cette charrette pleine de produits de la ferme, légumes, fruits, canards, se rend au marché du village.

Mulet de 14 ans (140 cm au garrot) tirant un chariot vieux de 150 ans, en Inde

**▲ Classe touriste**
Tout le monde aime, à l'occasion, faire un petit tour en voiture à cheval. Même dans les plus grandes villes, comme ici La Nouvelle-Orléans, aux États-Unis, c'est encore possible.

**Sûrement, mais pas si lentement... ▶**
Les mulets allaient plus vite que les bœufs et avaient le pied plus sûr que les chevaux. C'est pourquoi les colons d'Amérique du Nord (p. 34-35) utilisaient ces animaux dans leurs périples sur les mauvais chemins et dans la boue. On utilisait aussi les mulets à des fins militaires et dans les mines.

Corps important

Tête massive, grandes oreilles

Antérieur fin

Puissant postérieur

Longue queue de cheval

Absence de toupet, comme chez l'âne

Oreille courte

Courte crinière de l'âne

# Histoire de croisements

Les hybrides créés à partir des chevaux et des ânes sont toujours plus forts et d'une santé meilleure que leurs parents. Lorsqu'on croise une jument avec un baudet, on obtient une mule ou un mulet, qui ressemble beaucoup au cheval. Lorsqu'une ânesse est saillie par un cheval, elle donne naissance à un bardot ressemblant plus à sa mère qu'à son père. En règle générale, un mulet est plus fort qu'un bardot.

Tache gris foncé, ou charbonnure, sur une robe blanche à poil ras

Longue queue fournie pour chasser les mouches et exprimer ses humeurs

**◀ Têtu comme un bardot**
Un bardot ne va pas facilement là où l'on voudrait le faire aller. Faute de bien le comprendre, l'homme lui a fait la réputation d'être têtu. En fait, c'est un animal intelligent mais grégaire. Il n'aime pas aller seul dans un endroit nouveau pour lui, mais, lorsqu'il est habitué à suivre quelqu'un ou un autre bardot, il passe partout, même dans les endroits les plus dangereux.

Cette mule est manifestement en colère (p. 12).

Bardot de 8 ans

27

*Fer et clous usagés*

# Le maréchal-ferrant est à pied d'œuvre

Le sabot est l'enveloppe cornée qui contient les parties vivantes du pied. Il est formé de trois éléments principaux : la paroi, ou tout ce qui se voit quand le pied repose à terre ; la sole, sur le pourtour de laquelle on cloue le fer ; la fourchette, en forme de V, qui recouvre le coussinet plantaire. Le sabot est constitué de kératine, protéine identique à celle du cheveu et de l'ongle humains. Comme eux, il peut être taillé sans douleur pour l'animal. Les sabots d'un cheval s'usent de façon égale s'ils évoluent sur une surface dure et uniforme. Mais si le terrain est pierreux, ils vont se fendre et se casser ; s'il est souple et boueux, ils deviendront trop longs et pourriront. Il est donc nécessaire de ferrer les chevaux, et c'est le rôle du maréchal-ferrant, dont le métier est redevenu d'actualité grâce au développement de l'équitation de loisir.

**1 Déferrage du cheval**
Le cheval attend patiemment, tandis que le maréchal-ferrant coupe les vieux clous et enlève le fer usé.

**▲ Ferrure indienne**
Les méthodes de ferrure sont pratiquement les mêmes dans le monde entier depuis des siècles. On voit ici trois hommes ferrant un cheval, à l'époque des empereurs moghols, vers 1600, dans l'Inde du Nord. Leurs outils sont représentés distinctement.

*Ses muscles puissants lui permettent de faire de gros travaux.*

**Boîte à outils de maréchal-ferrant**

**Ferrage d'un shire de 4 ans**

**2 Nettoyage du pied**
La partie usée et la repousse de la sole sont coupées à l'aide d'une rénette et d'une mailloche.

*Repousse de corne coupée*

**3 Fer au feu**
Le nouveau fer est chauffé au rouge (1 000 °C) avant d'être façonné sur l'enclume à l'aide d'un lourd marteau. On perce ensuite les trous, ou étampures, pour les clous.

▶ **Porte-bonheur**
Partout dans le monde, le fer à cheval est un porte-bonheur. On dit qu'il doit être accroché la partie ouverte placée en haut, sinon la chance en sortirait, comme un liquide s'échapperait d'un récipient renversé. Le fer à cheval ci-dessus, du Ier siècle apr. J.-C., a été trouvé dans le sud de l'Angleterre.

**4 Prise d'empreinte**
Après avoir porté le fer au rouge, on le présente sur le pied pour marquer l'empreinte, puis on le fait refroidir dans l'eau. Le sabot dégage une forte odeur de grillé et beaucoup de fumée, sans que le cheval s'en inquiète.

*178 cm au garrot*

*Châtaigne*

**6 Finitions**
Le bord du sabot est raboté, ainsi que la paroi du pied juste en dessous des clous avant que le maréchal ne les rabatte avec sa mailloche. Les clous doivent faire corps avec le sabot, le bord du pied et celui du fer doivent être parfaitement ajustés.

*Rabotage du pied et des extrémités des clous*

**5 Pose des clous**
Des clous spéciaux sont enfoncés dans les étampures, et ressortent à mi-hauteur à l'extérieur du pied. La partie qui dépasse est coupée à la pince, ce qui reste est rabattu vers le bas.

▼ **Sandale pour chevaux**
Le fer à cheval fut inventé après la période romaine, mais, déjà, les Romains utilisaient une « hipposandale » (du grec *hippos*, cheval) faite d'osier ou de métal et attachée au pied par des courroies de cuir.

*En équilibre sur un pied*

**Hipposandale** (France, Ier-IIIe siècle)

29

**Cavalière en amazone**

# Tout ce qu'il faut pour conduire son cheval

Les premiers chevaux et ânes domestiques étaient probablement montés à cru et conduits par une corde attachée à la mâchoire inférieure et passant dans la bouche sur les « barres » (espace entre les incisives et les molaires). C'est toujours de cette façon archaïque que l'on dirige les ânes en Grèce et en Turquie.

Les premiers mors étaient en cuir, en os ou en bois avant d'être remplacés par du bronze, vers 1 500 av. J.-C., puis par du fer. Jusqu'à la fin de l'Empire romain, personne n'utilisait de selle, le cavalier se contentant d'une sorte de tapis, et les étriers n'apparurent en Europe qu'au VIIIe siècle. Cela n'a pas empêché les Barbares d'Asie centrale, ou plus tard les Peaux-Rouges, de décocher des flèches en plein galop. Les plus redoutables cavaliers de l'Antiquité étaient les Scythes, peuple d'origine iranienne qui s'établit dans les steppes du nord de la mer Noire à partir du XIIe siècle av. J.-C. Ils harnachaient leurs chevaux avec faste et se faisaient enterrer avec eux sous de grands tumulus.

▲ **Clochettes des neiges**
Le tintement des cloches et grelots fixés aux harnais des chevaux permettait aux sauveteurs de localiser des voyageurs dans la neige.

▶ **Une vie de cheval !**
La vie était dure pour les chevaux européens du XIIIe siècle qui avaient à subir des mors à piquants et des éperons acérés ou à molette (p. 44).

*Boucle de cuivre*

**Éperon à molette (longueur 25 cm) fait de fer et de cuivre (Europe de l'Ouest, début du XVIe siècle)**

*Molette*

*Molette*

**Petit éperon en fer et à molette (4 cm) se fixant directement sur la chaussure (XVIIe siècle)**

*Boucle d'attache pour passer une lanière de fixation*

*Pointe de l'éperon*

**Éperon mauresque en fer (29 cm) du début du XIXe siècle**

**Étrier bulgare en fer (IXe siècle apr. J.-C.)**

▶ **Le pied à l'étrier**
On pense que ce sont les Chinois qui ont inventé l'étrier vers le Ve siècle de notre ère. L'usage s'en répandit peu à peu à l'ouest et modifia la physionomie des batailles (pp. 44-45), car il permettait aux cavaliers de manier de lourdes armes sans risquer de tomber.

**Étrier en fer forgé ouvragé (Espagne, XVIIe siècle)**

*Cuivre travaillé*

**Étrier de bois peint, français ou italien, de la fin du XVIIIe siècle**

*Motif de dragon*

**Étrier chinois du XIXe siècle, surmonté de deux dragons**

Filet — Mors brisé irlandais du début de notre ère — Anneau de rêne

### Le mors aux dents
Il existe trois principales sortes de mors. Le plus simple est le filet, brisé en son milieu et doux à la bouche du cheval ; le mors de bride faisant levier grâce à la longueur de ses branches et à sa gourmette ; enfin le pelham qui est une combinaison des deux avec deux doubles rênes.

**Détail de la Tapisserie de Bayeux, vers 1080**

◀ **Défaits par les cavaliers**
Au cours de la bataille d'Hastings, en 1066, les 7 000 hommes amenés de Normandie par Guillaume le Conquérant se battirent contre les Anglais. Ceux-ci prétendent que l'une des raisons de leur défaite est qu'ils se battaient à pied tandis que les Normands étaient à cheval et faisaient usage d'éperons.

Filet — Mors bulgare du début de notre ère

Gourmette passant sous la mâchoire — Double rouleau — Anneau de rêne — Cabochon de cuivre

Mors de bride fait de cuivre et d'acier (Europe, XVIe siècle)

Cabochon de cuivre — Anneau de rêne — Gourmette

Mors de bride portugais (11 cm), fait d'acier et de cuivre, du XIXe siècle

Frontal — Têtière — Sous-gorge — Rêne — Mors de bride à l'anglaise

173 cm au garrot

Cavalière en amazone, sur une selle de cuir faite sur mesure en 1890

Sangle — Étrier

▶ **Une amazone comme il faut**
Ce lipizzan gris est monté en amazone. Ce style d'équitation se pratique encore dans les compétitions de dressage, mais c'était autrefois la seule façon convenable pour une femme de monter à cheval, et aussi la plus pratique. Le bon cheval d'amazone trotte à l'amble, c'est-à-dire qu'il déplace l'antérieur et le postérieur du même côté en même temps, se rendant ainsi plus facile à monter.

Double anneau de rêne (Angleterre, début de notre ère)

Pièce de bronze servant à joindre entre elles plusieurs sangles (Angleterre, début de notre ère)

Pièce de harnachement égyptienne, du Ier siècle av. J.-C.

31

# Le cheval, monture des conquérants

Sans le cheval et l'âne, l'histoire de l'humanité eût été différente. Les civilisations auraient évolué là où elles se trouvaient sans que les hommes pussent voyager à travers le monde à la recherche de nouveaux espaces à habiter. Il n'y aurait pas eu de croisades et les Européens n'auraient pas détruit les cultures indigènes des pays d'Amérique. Une force d'invasion efficace nécessitait des transports rapides pour l'acheminement des armes et des vivres, faute de quoi elle était sans ressources contre les défenses d'une communauté sédentaire bien installée. En 1 000 av. J.-C., le cheval était déjà un moyen de déplacement très utilisé, mais ce n'est que 2 000 ans après, au XIe siècle, que se généralisèrent les fers, la selle et les étriers. Dès lors, il devint extrêmement important pour la guerre (p. 42-45), et de grands voyageurs, tel Marco Polo, purent couvrir, à travers l'Europe et l'Asie, des distances qui aujourd'hui encore paraissent longues, même en avion.

▲ **Viking à cheval**
Ce cavalier, sculpté au XIIe siècle dans une défense de morse, est l'un des pions d'un jeu d'échecs trouvé dans l'île de Lewis, au large des côtes écossaises.

▲ **Le khan des mongols**
Gengis Khan (1167-1227) fut le fondateur de l'Empire mongol. En une vingtaine d'années, il conquit d'immenses territoires, de Pékin à la Volga, grâce à sa très puissante cavalerie.

Paire de cavaliers étrusques en bronze (500 av. J.-C.)

▲ **Archers d'un autre âge**
Ces deux élégants bronzes étrusques, trouvés en Italie du Nord, datent de 500 av. J.-C. Ils montrent comment, même sans selle et sans étriers, les cavaliers scythes pouvaient décocher leurs flèches en plein galop. Le second archer tire en se retournant, comme le faisaient les Parthes et tous les cavaliers nomades des steppes d'Asie centrale.

Statue de l'empereur Charlemagne

◄ **Charles Ier le Grand**
En 796, Charlemagne (762-814), roi des Francs et des Lombards, mena à la bataille contre les Avars, en Hongrie, plus de 15 000 cavaliers. En 800, il fut sacré empereur d'Occident. Son empire s'étendait du Danemark à l'Italie centrale et de la France à l'Autriche.

Ciselure

◄ **Bien en selle**
Cette selle en bois tibétaine du XVIIIe siècle, ornée de motifs ciselés en or et en argent, ressemble sans doute à celle qu'a utilisée, 500 ans plus tôt, Gengis Khan.

Arçon

Troussequin

Pommeau

Selle tibétain du XVIIIe siècl

◀ **Alexandre le Grand**
Bucéphale est le cheval le plus célèbre de tous les temps. Cet étalon noir appartenait à Alexandre le Grand (356-323), roi de Macédoine à 20 ans. C'est avec lui que le jeune Grec conquit le monde, de la Grèce à l'Égypte et jusqu'en Afghanistan. Il eut la douleur de le perdre lors d'une bataille près de l'Indus, en 326 av. J.-C. ; sur son tombeau, il fonda la ville de Bucéphalie.

Cette frise de pierre, qui fait partie d'un sarcophage syrien, représente à gauche Alexandre le Grand sur son cheval Bucéphale.

▲ **L'Icône d'un chevalier**
Cette icône de saint Georges, martyr au IIIe siècle, est l'œuvre d'un croisé du XIIIe siècle.

Archer tirant « à la parthe »

Gland décoratif sur la bride

Mors de bride

Gourmette

Broderie d'or sur du feutre, lequel est rapporté sur du cuir

Deuxième jeu de rênes

▼ **Montures en or**
Cet attelage à quatre chevaux est en or et date du Ve siècle av. J.-C. Il provient de l'ancien Empire achéménide perse (actuellement l'Iran). Il fait partie d'un trésor découvert près de l'Amou-Daria, en Asie centrale.

**Mors de bride nord-africain du début du XIXe siècle avec sa gourmette et ses doubles rênes**

33

▲ **De belles coiffures**
Lors des cérémonies, les chefs sioux, qui vivaient dans les plaines du nord et de l'ouest des États-Unis, portaient de très belles coiffures faites de plumes de dindons sauvages. Ils montaient à ces occasions leurs meilleurs chevaux.

# À la découverte des Amériques

Avant l'arrivée des premiers Européens en 1492, le continent américain était très largement peuplé d'indigènes qui s'y étaient fixés à partir de 25 000 av. J.-C. Les immigrants luttèrent contre eux et s'adjugèrent de vastes territoires, car ils disposaient de moyens de transport rapides : les chevaux et les mulets qu'ils avaient embarqués avec eux. Nombre de ces bêtes s'échappèrent ou furent abandonnées, et se reproduisirent à l'état sauvage. En moins de cent ans, elles s'étaient répandues sur toutes les vastes étendues herbeuses du continent (p. 36-37). Les peuples indigènes se rendirent compte du profit qu'ils pouvaient tirer des chevaux. Ils firent du troc avec les Espagnols pour s'en procurer et, très vite, apprirent à les contrôler et à les monter avec une extraordinaire adresse.

▲ **La guerre de Faucon Noir**
Comme les autres tribus d'Amérique du Nord, les Sauks et les Fox utilisaient leurs chevaux pour le transport, la chasse et la guerre. L'un de leurs chefs, Keokuk (1770-1848), représenté ici, négocia un traité en 1830 avec les Blancs, par lequel il cédait de grands territoires. Mais Faucon Noir, un autre chef de la tribu, préféra défendre sa terre avec les armes et fut vaincu en 1832.

▲ **Bêtes de somme**
Avant l'arrivée du chemin de fer, la seule façon de traverser le continent avec un chargement était l'attelage de 6 mulets ou plus (p. 26-27). Le chariot lourdement lesté pouvait ainsi franchir des terrains accidentés ou boueux.

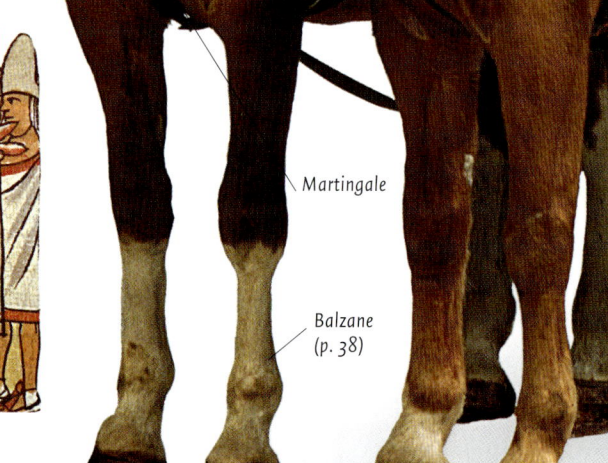

Liste en tête

Timon central en bois sur lequel s'attache le harnais

Martingale

Balzane (p. 38)

Pied ferré

▲ **Les conquistadores**
Vers 1520, les colons espagnols amenèrent avec eux des chevaux de race andalouse (p. 40-41) dans le Nouveau Monde où les équidés avaient disparu depuis 10 000 ans. Ici, des Indiens, probablement des Aztèques, offrent au conquérant du Mexique, Fernand Cortez (1485-1547), un collier précieux.

**La conquête de l'Ouest** ▶

Au début du XIXe siècle, les premiers Américains à atteindre le Pacifique furent des trappeurs, des commerçants et des missionnaires. En 1843, l'année de la « Grande Émigration », plus de 1 000 pionniers traversèrent le continent nord-américain pour différents points du Far West, affrontant mauvais temps, maladies et malnutrition. Chaque soir, les chariots formaient un cercle pour se protéger des dangers extérieurs.

Bâche tenue par des arceaux en fer

Épaisse toile imperméable

Levier de frein

Essieu supportant l'énorme poids du chariot et de son contenu

Roue cerclée de fer

Moyeu

Palonnier

Trait

Paire de gelderlands (166 cm au garrot) tirant un « vaisseau de la prairie »

▲ **Le premier « mobile home » américain**

Les immigrants voyageaient à travers l'Amérique du Nord dans un chariot couvert, appelé *schooner* ou « vaisseau de la prairie », nom bien choisi car le chariot traversait souvent des rivières. La vie y était dure et ils devaient savoir tout faire : ferrer un cheval (p. 26-29), réparer une roue, cuire le pain et soigner les malades.

Roue de devant plus petite (123 cm) pour négocier les virages serrés

◀ **Le cow-boy du Sud**

Les gauchos des plaines d'Amérique du Sud (pampas) ont des origines indiennes et espagnoles. Comme les cow-boys du Nord, ils passent leur vie en selle à rassembler le bétail avec adresse.

35

# On achève bien les chevaux sauvages

Il n'existe plus véritablement de chevaux sauvages : les derniers spécimens étaient des chevaux de Prjevalski (p. 20-21) qui survécurent en petit nombre dans les steppes de Mongolie jusqu'en 1960 environ. On rencontre néanmoins, un peu partout dans le monde, des troupeaux d'anciens chevaux domestiques retournés à l'état sauvage qui se reproduisent librement. Dans les deux Amériques, ce sont les montures des premiers Européens (p. 34-35) arrivés à la fin du XV$^e$ siècle qui ont donné naissance à ces troupeaux ; en effet, nombre de chevaux abandonnés se sont répandus et ont prospéré dans les immenses prairies. De nos jours, la population de chevaux sauvages du Wyoming et de mustangs, aux États-Unis, de brumbies, en Australie, est contrôlée. Moins nombreux que par le passé, ils sont souvent tués par les chasseurs, comme en Australie, ou capturés pour être de nouveau domestiqués.

### ▲ Le poney fell
Il existe en Angleterre une grande variété de poneys vivant à l'état semi-sauvage dans les landes, comme par exemple le poney fell, représenté ici. Celui-ci est traditionnellement utilisé pour le bât, la selle ou les petits travaux (p. 54-55).

*Tête bien proportionnée*

*La couleur de la robe varie du bai au brun et au gris, mais elle n'est jamais pie noir ou pie marron (p. 39, 41).*

### ◄ Le dülmen allemand
Ce poney rare vit sur les terres du duc de Croÿ en Westphalie, dans l'ouest de l'Allemagne. Il n'est pas de race pure, car il a été croisé avec des souches anglaises et polonaises. Il existe depuis le début du XIV$^e$ siècle.

### ◄ Le brumby australien
Depuis 150 ans, des troupeaux de chevaux se sont constitués, en Australie, à partir de ceux abandonnés par des aventuriers, après la ruée vers l'or, au milieu du XIX$^e$ siècle. Les brumbies se multiplièrent très rapidement et devinrent une calamité pour les éleveurs de bétail et de moutons, car ce sont de voraces herbivores et des porteurs de parasites. Depuis les années 1960, ils sont l'objet de mesures d'élimination sélective et leur nombre a beaucoup diminué.

*De solides membres supportent un corps robuste et bien charpenté.*

*Pied bien formé, corne solide*

### ▲ Le mustang
Des mustangs vivent encore à l'état sauvage grâce à des mesures de protection. Ils habitent le désert du Nevada (États-Unis) dans de rudes conditions.

### ▶ Cheval symbolique
Le cheval sauvage, cabré ou au galop, est devenu symbole de liberté et d'élégance. Cette image est reprise par des industriels, comme ici Ferrari qui associe la puissance des voitures à celle du noble animal.

### ◀ Petit matin en Camargue
Depuis la préhistoire, ce rustique cheval gris vit dans les marécages du delta du Rhône. En réponse à l'environnement, son pied large s'est adapté au sol spongieux du marais. Monté par un gardian, le camargue sert à rassembler les troupeaux.

*Étoile*

*Courte liste en tête*

*Longue crinière tombante*

*Tache de ladre (bordée de rose)*

*Profond passage de sangle*

### ◀ Le poney new forest
Dès le XIe siècle, des chevaux ont habité les forêts du Hampshire, au sud de l'Angleterre. Le new forest est originaire de cette région où il a vécu à l'état sauvage pendant 800 ans. Au XIXe siècle, des étalons d'autres races ont été introduits dans cette population pour l'améliorer. Le new forest, qu'on laisse encore vivre en liberté, est un poney idéal pour l'équitation ou la conduite de petits attelages.

*Toupet bien fourni*

**La taille des poneys new forest varie de 127 à 147 cm.**

*Large liste en tête*

# Ils ont le sang chaud ou froid

Les différentes races de chevaux sont souvent divisées par les éleveurs en trois groupes. D'abord les sang-chaud : ce sont les arabes et les chevaux de course. Ils n'ont pas le sang plus chaud qu'une autre race mais descendent tous des chevaux arabes et barbes, qui sont originaires des pays chauds d'Afrique du Nord et d'Arabie. Ensuite viennent les sang-froid : ce sont les chevaux destinés aux travaux lourds et qui proviennent des pays du Nord (p. 50-53). Enfin les demi-sang, qui sont un croisement entre les deux et qui fournissent aujourd'hui l'élite des chevaux de sport. Les chevaux de course, eux, sont presque toujours des pur-sang et remontent tous aux trois fondateurs arabes de leur race élevés en Angleterre : Byerley Turk, qui fut mis au haras en 1690, Darley Arabian, qui y entra en 1704, et Godolphin Arabian, en 1731. Depuis 1791, tous les descendants de ces trois étalons figurent dans un livre de généalogie, le stud-book, tenu à jour scrupuleusement.

La robe grise implique une peau noire avec un mélange de crins noirs et blancs, comme chez ce connemara, le seul poney irlandais.

Ce trotteur d'Orloff russe est dit gris pommelé, car ses poils gris foncé forment des taches rondes, comme des pommes.

Palomino est une couleur, non une race. La robe est or avec un soupçon de noir, les crins sont blancs, comme chez ce poney haflinger, d'Autriche.

L'alezan varie du jaune d'or pâle au brun-rouge, comme c'est ici le cas chez ce trotteur français de Normandie.

Un cheval est bai quand sa robe est brun roussâtre, ses crins et l'extrémité de ses membres noirs. Celui-ci est un cleveland bay anglais.

Principe de balzane

Balzane au-dessus du boulet

Balzane à mi-canon

Le bai brun est un bai très soutenu, avec des crins et extrémités noirs, comme chez ce nonius hongrois.

150 cm au garrot

Bride d'apparat

Pur-sang arabe de 4 ans de couleur bai acajou

▲ **Barbes et berbères**
Le plus pur et le plus recherché après le cheval arabe, le barbe est la monture traditionnelle des tribus berbères. Ici, des cavaliers marocains exécutent une fantasia (démonstration équestre).

▶ **La courbette**
Parce que les chevaux sont beaux et faciles à dresser, ils font souvent partie des spectacles de cirque. Comme ici, ils semblent prendre plaisir à exécuter des mouvements difficiles.

145 cm au garrot

▲ **En voir de toutes les couleurs**
Dans cette peinture de l'école moghole (vers 1590), une corneille harangue une foule d'animaux. On distingue plusieurs chevaux dont les robes vont de l'alezan au skewbald (p. 41) en passant par le gris et le bai.

Arabe de 15 ans, d'un gris très clair

◀ **La foire aux chevaux**
De tout temps et partout dans le monde, les chevaux ont été vendus et achetés lors de foires, comme le montre ce détail d'une toile du peintre anglais John Herring (1795-1865).

◀ **L'aristocratique cheval arabe**
Sa tête est élégante, ses membres fins, il porte haut sa queue et son tempérament est ardent. Les Arabes tiennent à jour avec soin un livre de généalogie qui remonte peut-être à 1 000 ans.

Tapis de selle brodé

# Des robes de toutes les couleurs

Chaque pays a produit sa propre race de chevaux, du poney de Manipouri indien au basuto d'Afrique du Sud, en passant par le percheron français. Chaque espèce est adaptée à son pays d'origine et à un certain usage. Elles se différencient par leur taille, la forme de leur corps, et par la couleur de leur robe avec ses signes particuliers (par exemple, du blanc sur les membres et sur la tête). On trouve des chevaux de toutes les tailles, du plus petit, le falabella, qui ne dépasse pas 76 cm au garrot, au plus grand, le shire, qui peut mesurer 180 cm. De nombreuses superstitions sont liées à la couleur du cheval : certains Arabes prétendent que les chevaux bais sont malchanceux, à moins qu'ils n'aient du blanc aux extrémités ou sur la tête ; d'autres disent qu'une monture blanche est princière mais qu'elle craint la chaleur.

Une autre croyance très répandue veut que les chevaux alezans soient rapides mais de caractère nerveux. En France, on dit : « Balzane (p. 38) une, cheval de fortune ; balzane deux, cheval de gueux ; balzane trois, cheval de roi ; balzane quatre, cheval à abattre. »

Hauteur au garrot : 165 cm

Étrier de métal à fond plat

◀ **Né sous une bonne étoile**
Il est fréquent de trouver chez le cheval une tache blanche sur le front entre les deux yeux, c'est une « étoile ». Ce warmblood, race aujourd'hui considérée comme le cheval national danois, en donne un exemple. Une petite tache blanche entre les naseaux se nomme une pelote.

◀ **Liste en tête**
Une bande blanche, longue et étroite, qui s'étend des yeux aux naseaux s'appelle une « liste » ; ainsi sur cet oldenburg, race établie dans le nord-ouest de l'Allemagne au XVIIe siècle. Un cheval est belle-face quand la liste couvre tout le chanfrein (partie qui va du front aux naseaux).

◀ **Boire dans son blanc**
Lorsqu'une liste est longue, qu'elle s'étend jusqu'à la lèvre inférieure, on dit du cheval (ici un gelderland hollandais) qu'il boit dans son blanc.

Pur andalou gris foncé de 7 ans monté par une cavalière en costume d'équitation traditionnel espagnol

▲ **Équitation classique**
L'École espagnole de Vienne, en Autriche, fut fondée en 1758. Elle n'emploie que des lipizzans.

▶ **Le cheval dans l'art**
La beauté, l'élégance et la force du cheval ont de tout temps fasciné les sculpteurs et les artisans (pp. 21-23, 32-33). Dans ce tableau, le peintre allemand Franz Marc (1880-1916) a représenté des chevaux bleus.

▼ **Le cheval espagnol**
andalou est issu de croisements ntre une race locale et des arabes t des barbes introduits en Espagne ar les Maures au VIIIe siècle. a race survécut aux croisements narchiques et aux guerres apoléoniennes grâce à son élevage goureux, depuis le XVe siècle, ar des chartreux de trois monastères 'Andalousie. Généralement gris, e cheval a été alezan ou noir.

On peut dire de ce magnifique frison hollandais qu'il est noir franc, parce que sa robe, sa crinière, sa queue et ses membres le sont. La robe du frison peut être tachetée de blanc.

La couleur rouan est soit fraise s'il y a du mélange de crins alezans et gris, soit bleue s'il y a mélange de poils gris et noirs. Ce cheval de trait italien de la région de Venise répond au premier cas.

Les couleurs isabelle (jaune clair, membres, crinière et queue noirs) et souris (gris cendré et extrémités noires) se rencontrent très fréquemment chez certaines races de poneys. Ce fjord norvégien, qui porte également une « raie de mulet » de la tête à la queue, est isabelle.

Tapis de selle de style espagnol

Démonstration de piaffer : deux membres à l'appui, deux en l'air et sur place

Une robe tachetée peut l'être de cinq façons. Généralement des taches sombres se détachent sur une robe claire, comme sur ce falabella argentin.

Le terme skewbald s'applique à un cheval alezan à larges taches blanches. C'est le cas de ce pinto américain, race traditionnellement associée aux Indiens d'Amérique.

La couleur pie est le mélange de larges taches noires et blanches ou marron et blanches. Ce poney est un shetland, des îles écossaises du même nom.

41

# Le cheval s'en va-t'en guerre

L'utilisation militaire du cheval est apparue, il y a 5 000 ans, chez les peuples d'Asie centrale. Grâce aux attelages d'onagres et de chevaux, les hommes pouvaient se déplacer rapidement et causer ainsi de lourds dommages aux fantassins ennemis. Les premiers à posséder une véritable cavalerie furent les Scythes et les Parthes (p. 32-33), mais c'est Alexandre le Grand, au IVe siècle av. J.-C., qui lui fit prendre une part prépondérante au combat. À l'époque médiévale, l'armée eut besoin de chevaux solides porteurs car les armures et les armes étaient très lourdes. On perfectionna alors les mors, les selles furent mieux rembourrées, et l'on développa l'usage des éperons et des étriers. Avec l'invention du mousquet au XVIe siècle, la tenue des cavaliers fut allégée, on rechercha des chevaux plus souples et plus rapides. La cavalerie, à qui étaient confiées des missions de reconnaissance et de combat, connut son apogée sous le premier Empire. À la fin de la guerre de 1914-1918, les chevaux furent supplantés par les véhicules motorisés.

▲ **La monture favorite de Napoléon**
Marengo était le cheval arabe gr que l'Empereur (1769-1821) monta à la bataille de Waterloo en juin 181 Il y fut blessé mais survécu jusqu'en 182

La tenue du cavalier est richement brodée d'or.

Les armoiries royales sont brodées d'or et d'argent fins sur la bannière en soie damassée du tambour.

Plumet de couleur, ou pompon, fait de crin de cheval (crin noir entouré de crin teint en rouge), pendant sous la gorge.

Chacur de ces timbale d'argent mass pèse 68 k

Ces doubles rênes sor recouvertes de fil d'o la rêne de filet est relie au pied du cavalier, la rêr de bride remonte à la mai

◀ **Don Quichotte**
En 1605, l'écrivain espagnol Miguel de Cervantes Saavedra (1547-1616) crée le personnage de Don Quichotte. Dans l'une de ses plus fameuses aventures, monté sur sa jument Rossinante, celui-ci charge à la lance les ailes d'un moulin à vent, accompagné de son fidèle écuyer Sancho Pança, juché sur un âne.

◀ **Le timbalier du régiment de la reine**
Aujourd'hui le cheval timbalier n'est utilisé que lors des parades. Autrefois, avant l'ère de l'avion et du char, il marchait en tête, avec les trompettes, pour donner du courage aux hommes qui montaient à l'assaut. Ces tambours ont été offerts par le roi Guillaume IV d'Angleterre, en 1830, à son régiment de Life Guards (maison du roi).

Ce clydesdale de 15 ans porte deux timbales d'argent. Son cavalier appartient au régiment de la maison de la reine.

▲ **Brigade légère et lourdes pertes**
Le courage de la cavalerie britannique lors de la guerre de Crimée (1854-1856) fut célébré par lord Alfred Tennyson (1809-1892) dans son poème *La Charge de la brigade légère*, où il évoque un épisode particulièrement meurtrier qui opposa les Anglais aux Russes dans la bataille de Balaklava.

*Chanfrein de métal protégeant la tête*

*Barde d'encolure*

◄ **Cavalier tibétain**
Pendant des siècles, et jusqu'au XIXᵉ siècle, la cavalerie tibétaine a utilisé une armure faite de fines lamelles de métal, attachées entre elles par des lanières de cuir durci. Ce type d'armure, couvrant aussi le cheval, se retrouve chez tous les guerriers nomades et chez les Mongols qui déferlèrent sur l'Asie et l'Europe de l'Est (p. 32).

Les premières ambulances, comme ce modèle de la Première Guerre mondiale, étaient tirées par deux chevaux ou deux mules.

*Fanion de la Croix-Rouge*

*Frein*

*Petite roue avant pour tourner court*

*Grande roue arrière portante*

*Barde de poitrail*

*Lanière de cuir*

*Fine lamelle de métal*

*Protection de la croupe*

▲ **Artillerie australienne**
Le waler (ainsi nommé parce qu'il fut importé il y a 200 ans dans les New South Wales en Australie) a été un excellent cheval d'armes pendant la Première Guerre mondiale. Fort, rustique, gros porteur et d'un tempérament facile, il s'appelle depuis 1971 *Australian stock horse*, et reste très utilisé par les éleveurs de bétail. Il tire ici des caissons d'artillerie.

*Armure tibétaine, pour le cheval et le cavalier, utilisée entre le XVIIᵉ et le XIXᵉ siècle*

*Éperon réglementaire de la cavalerie anglaise (XIXᵉ siècle)*

▲ **Robustes étriers**
L'étrier est la plus importante innovation dans l'histoire du cheval de guerre, car il permet à un cavalier lourdement équipé de se maintenir en selle. Celui-ci, en cuivre, date du XVIᵉ siècle.

► **Première nécessité**
Aucune bataille ne peut s'engager sans que l'approvisionnement du front en armes, eau, nourriture et munitions soit assuré.

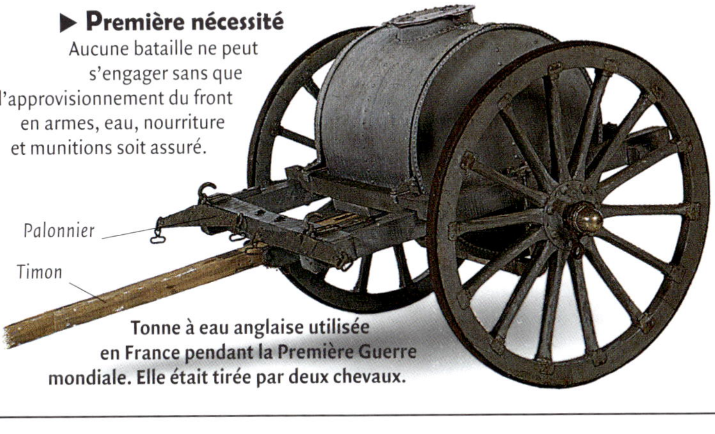

*Palonnier*

*Timon*

► **Guerrier ghanéen**
Cette statuette en cuivre du XVIIIᵉ siècle représente un cavalier du Ghana (Afrique de l'Ouest).

*Tonne à eau anglaise utilisée en France pendant la Première Guerre mondiale. Elle était tirée par deux chevaux.*

43

# La chevalerie

Au XIe siècle, à l'époque féodale, s'imposa en France et en Europe occidentale une image de la société où les hommes se répartissaient en trois ordres : les travailleurs, les hommes de prière, les guerriers. À ces derniers incombait la mission de hâter, par la force de leurs armes, la réalisation du royaume de Dieu. Les guerriers spécialistes du combat à cheval, ou chevaliers, s'organisèrent en une caste régie par un code moral, religieux et social (le code chevaleresque) qui commandait tous les aspects de leur existence. Leurs qualités fondamentales étaient la vaillance, la loyauté, la largesse et la courtoisie. Ils étaient nobles, chrétiens et c'est en chevaliers du Christ qu'ils partirent en Terre sainte faire la guerre aux musulmans. Commandés par Godefroi de Bouillon, ils s'emparèrent de Jérusalem en 1099.

▲ **Chevalier japonais**
Cette peinture sur paravent du XIIe siècle représente un samouraï au combat. L'honorable samouraï, qui portait deux épées et un casque caractéristique, était totalement dévoué à son suzerain. Le féodalisme fut aboli au Japon en 1871.

▲ **Avoir l'éperon long**
Copie du XVIIe siècle d'un éperon à molette (p. 30) d'époque féodale. Utilisé dans les tournois, sa longueur permettait d'atteindre le cheval en dessous de son armure.

*Lambrequin*
*Gantelet de cuir*
*Lance de bois mouchetée*
*Tabard, ou surcot*
*Caparaçon de tournoi*
*Cotte de mailles*

◀ **Des tournois pour les preux**
Les chevaliers s'exerçaient au combat à cheval à l'occasion de tournois. Les joutes, combats singuliers à la lance et à cheval, faisaient partie du code chevaleresque. Les deux chevaliers lourdement armés s'affrontaient en champ clos à l'aide de lances mesurant jusqu'à 2,50 m. Chacun tâchait de remporter des points en désarçonnant son adversaire ou en brisant sa lance contre son écu. Que ce fût les dangereuses mêlées du XIIe siècle ou l'apparat coloré des XVe et XVIe siècles, les joutes étaient un spectacle sportif très prisé. En France, elles furent abandonnées lorsque le roi Henri II fut tué accidentellement au cours d'un tournoi en 1559.

Reconstitution d'une paire de jouteurs (vers 1300)

▶ **Interdiction de monter**
Le roi d'Angleterre Henri VIII, afin d'agrandir la race chevaline, édicta des lois interdisant d'utiliser de petits chevaux pour la reproduction. À l'époque de son règne, au XVIe siècle, le canon était devenu l'arme principale contre laquelle une lourde armure ne pouvait rien ; mais celle-ci était encore utilisée pour les défilés militaires.

Œillère de protection en bronze pour le cheval (Angleterre, Ier siècle apr. J.-C.)

▶ **Armure bourguignonne**
Cette armure complète de cheval, connue sous le nom d'armure bourguignonne, fut offerte par l'empereur germanique Maximilien Ier à Henri VIII. Gravée et rehaussée d'or et d'argent, elle est l'œuvre d'armuriers flamands, vers 1515.

▲ **Chanfrein pare-chocs**
Ce masque protecteur pour cheval est fait d'un alliage de cuivre et d'or. Il date du VIe siècle et provient d'un monument sculpté qui se trouvait dans une église byzantine d'Istanbul, en Turquie.

*Heaume comportant une seule fente*

*Une petite figurine de bois ou de cuir représentant un oiseau ou un autre animal était parfois portée ici.*

*Rondelle de métal pour protéger la main*

▲ **Tournoiement garanti**
Cette selle de tournoi allemande en bois était utilisée, vers 1500, lors de joutes amicales où les lances, dites courtoises, étaient mouchetées. Les deux arçons s'arrondissaient autour de la cuisse du cavalier qui ne portait pas de cuirasse aux jambes. Coincé dans sa selle, il ne pouvait être désarçonné. Les chevaux portaient des œillères fermées pour leur éviter d'avoir peur.

*Mors à longues branches*

*Bouclier peint aux armes, les mêmes que sur le caparaçon*

◀ **Cœur de lion**
Richard Ier Cœur de Lion (1157-1199) devint roi d'Angleterre en 1189. Un an plus tard, il s'embarqua pour la troisième croisade en Palestine, où sa bravoure lui valut un renom immortel. De retour en Angleterre, il passa le reste de son règne à guerroyer contre la France.

▼ **Arrêtez ces chevaux !**
Ces chausse-trapes de fer à 4 pointes étaient placées sur le sol pour blesser les chevaux de l'ennemi lorsqu'ils marchaient dessus (Angleterre, Ier et IIe siècles).

# Les chevaux du voyage

Il y a plus de 4 000 ans que le cheval, l'âne et le mulet sont utilisés pour transporter hommes et marchandises d'un endroit à un autre. Les premiers chariots et harnais étaient faits entièrement en bois, os et cuir. À l'usage de ces matières brutes s'ajouta, il y a 3 500 ans environ, celui du cuivre et du bronze, puis du fer quinze siècles après. L'ajout de pièces métalliques, comme les anneaux de guides, les mors et, sur les voitures, les jantes et les essieux, améliora considérablement l'efficacité, et donc la rapidité des transports, notamment dans le sud de l'Europe et en Asie, où le climat est très sec. Mais l'Europe du Nord, avec ses pluies abondantes, dut conserver le cheval de bât comme le moyen le plus commode de se déplacer, particulièrement l'hiver, jusqu'à la création d'un réseau routier par les Romains.

**▲ Attelage royal**
Ce carrosse est une réplique de celui de la reine Élisabeth I^re d'Angleterre (1533-1603), le premier qui fut fabriqué pour la couronne britannique. Il est équipé de marches que l'on rabat pour former les portières, et son toit capitonné protège des intempéries. Auparavant, les membres de la famille royale se déplaçaient en charrette.

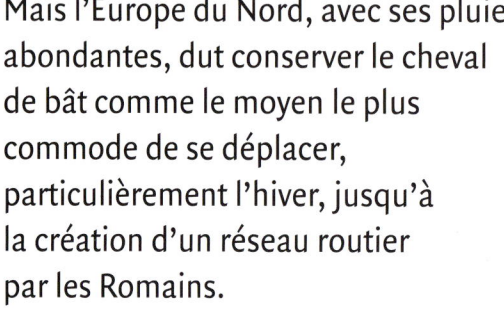

**◀ Bandit de grand chemin**
Dick Turpin (1705-1739) était un bandit anglais de légende qui, en selle sur sa jument Black Bess, relia Londres et York en un temps record pour échapper à la police. Repris à York, il y fut pendu.

**▲ Lady Godiva**
Au XI^e siècle, le comte de Chester accepta la demande de son épouse d'alléger les impôts qui écrasaient la population de Coventry, à condition étrange qu'elle traversât la ville, nue sur son cheval.

**▶ Chevaux à plumes**
Les chevaux des Indiens avaient une endurance à toute épreuve tant à la guerre qu'à la chasse. Couleur et décoration faisaient partie de la culture indienne et les chefs, outre leur coiffure, n'hésitaient pas à orner de plumes leur monture.

Œillère
Liste en tête
Mors de bride de type « liverpool »
Collier
Attelle de métal surmontée d'une crosse décorative typiquement bohémienne
Trait en cuir

**◀ Bête de somme**
Cette frise de pierre montre que les Assyriens élevaient, il y a 2 600 ans, des mulets capables de porter leur attirail de chasse.

**▲ Gens du voyage**
Depuis des siècles, les bohémiens voyagent à travers l'Europe dans leurs roulottes. Personne ne sait d'où ils viennent ; peut-être d'Inde. De nos jours, ce type de roulotte est utilisé par des vacanciers nostalgiques qui cheminent sur les petites routes.

◀ **Saint patron légendaire**
Fêté le 25 juillet, saint Christophe est le patron des voyageurs, et, aujourd'hui, des automobilistes ; une médaille à son effigie est un gage de protection.

Statuette de bronze nigérienne du XVIIIe siècle

▲ **Canterbury, lieu de pèlerinage**
Les pèlerins de la cathédrale de Canterbury ont été immortalisés par le poète anglais Geoffroy Chaucer (1340-1400) dans ses légendaires *Contes de Canterbury*.

Bâche recouvrant la roulotte

Brancard

Grande balzane

Cheval de trait irlandais (irish draught) de 9 ans, harnaché à la façon bohémienne, tirant une roulotte fabriquée en Irlande, vers 1850

47

# Les voitures hippomobiles

Les chariots les plus primitifs, ceux du Moyen-Orient, avaient de petites roues en bois, pleines, pesantes, qui tournaient avec l'essieu. L'invention de la roue à rayons, plus légère, vers 1700 av. J.-C., sans doute dans le Caucase, permit de se déplacer avec une rapidité sans pareille. La voiture à quatre roues dont l'essieu avant pouvait pivoter indépendamment du corps de l'attelage fut une autre amélioration, apportée au début du Moyen Âge. Aujourd'hui de nombreuses personnes affichent leur statut social avec leur automobile ; les gens faisaient autrefois de même avec leurs chevaux et leurs équipages, tandis que les pauvres se contentaient de l'omnibus. L'entretien des chevaux, des harnais et des voitures exigeait un soin constant : les chevaux devaient être soignés et ferrés (p. 28-29), les roues graissées et recerclées et les voitures maintenues propres et au sec.

**Traîneau avec siège doublé de fourrure, construit en Hollande vers 1880**

**Statuette de bronze de la dynastie Han (Chine, IIe siècle apr. J.-C.) représentant un cheval attelé**

**Élégant et luxueux corbillard attelé à deux chevaux pimpants**

Les premiers immigrants européens qui voyageaient aux États-Unis en diligence étaient souvent attaqués par des Indiens armés de fusils volés ou troqués, comme le dépeint ici l'artiste américain George Inness (1854-1926).

- Œillère
- Collier
- Sellette
- Croupière
- Guide, ou rêne
- Attelle
- Mors
- Martingale
- Sous-ventrière
- Trait
- Timon
- Triple palonnier

◀ **Heure d'affluence**
Il ne reste qu'un siège dans cet omnibus plein à craquer, deux personnes vont être déçues !

Siège du cocher

Place pour deux passagers

Cette calèche a été fabriquée en Angleterre à l'époque victorienne (vers 1880) d'après des plans français.

▶ **Vers l'ouest**
Deux hommes d'affaires américains, Henry Wells (1805-1878) et William Fargo (1818-1881), ouvrirent un comptoir à San Francisco en 1852 ; ils proposèrent leurs services comme banquiers et agents de fret, reliant le Far West avec le reste du pays. Les fameuses diligences de la Wells Fargo transportaient passagers, courrier, argent et objets de valeur.

Conducteur

Accompagnateur armé

Bagages arrimés au toit

Rideau de cuir, très protecteur, en position enroulée

Frein à pied

Neuf passagers répartis sur trois bancs de trois places

Coffre à bagages

Deux jeux de rênes reliant les deux paires de chevaux au conducteur

Marchepied

Deux paires de welsh cobs attelés à une diligence de la Wells Fargo, fabriquée aux États-Unis à la fin du XIXe siècle

Le coffre sous le siège contient la boîte à outils, le seau à eau, le courrier et les objets de valeur.

Siège du meneur

Contenance : 12 passagers

Break de chasse, avec le siège du conducteur surélevé (Angleterre, 1880)

49

# Les chevaux de trait

En Europe et en Asie, l'« ère du cheval » dura de la plus haute Antiquité jusqu'au XIXe siècle. Pendant tout ce temps, avant que la machine à vapeur ne les supplante, le cheval, l'âne et le mulet étaient affectés non seulement aux transports, mais aussi à toutes sortes de travaux agricoles. Ils servaient aux forestiers, aux brasseurs, au battage du blé ou au puisage de l'eau. Dans les pays méditerranéens et au Moyen-Orient, où la terre est sèche et légère, c'est l'âne (p. 24-25) qui s'acquittait de ces tâches. En Europe du Nord, où les terres sont lourdes et collantes d'argile, c'est de chevaux puissants dont on avait besoin, tant pour les labours que pour le halage le long des chemins boueux. De nos jours, les chevaux lourds d'Europe sont exportés partout dans le monde – au Canada, aux États-Unis, en Australie et au Japon.

**▲ Les foins en Irlande**
Le cheval et l'âne sont encore utilisés dans les petites fermes d'Irlande. Ici, au Connemara (comté de Galway), le foin est chargé en gerbes sur une charrette. Il nourrira les animaux de la ferme pendant l'hiver.

**Race pure et de poids ▶**
Le trait lourd belge, ou brabant, appartient à une magnifique race de chevaux lourds, restée très pure et encore utilisée dans des exploitations agricoles. Ils sont très appréciés aux États-Unis.

*Longue encolure et crinière épaisse*

*Tête fine au profil droit*

*Crinière décorée*

*Décoration de cuivre*

*Trait sur un lourd collier*

*Poitrail large et profond*

**Brabant alezan (Belgique)**

*Forte jambe musculeuse*

**◀ Avant le tracteur**
L'invention, par les Chinois en 500 av. J.-C., du collier rigide et rembourré se répandit à travers l'Asie jusqu'en Europe. Les conséquences pour l'agriculture furent énormes, et les chevaux de trait devinrent les tracteurs de l'époque. De nos jours, certains agriculteurs préfèrent encore labourer avec des chevaux plutôt qu'avec des tracteurs, et des concours de labours ont lieu chaque année lors de foires, en Europe et en Amérique du Nord, comme l'illustre ce superbe attelage de shires, à gauche.

*Il n'y a pas de longs poils sur le boulet et le paturon.*

**Percheron gris pommelé**

Bridon  Collier  Sellette  Croupière  Avaloire

▶ **Les grimpeurs**
L'avelignese, des montagnes du nord de l'Italie, était autant un cheval de trait que de bât. Il dérive du haflinger, poney du Tyrol autrichien, et mesure jusqu'à 150 cm.

Avelignese alezan

▲ **Les fabricants de bière**
Vers 1800, le cheval fut de plus en plus utilisé dans les brasseries. La plus petite de ces industries possédait des chevaux qu'on employait aussi bien à écraser le malt qu'à actionner une pompe à eau ou à livrer la bière ; dans ce dernier cas, ils étaient équipés de harnais richement décorés.

Courroie de reculement

Boulonnais gris pommelé

Puissant arrière-train

Cheval alezan du Suffolk

▲ **Un bon français**
La tête de ce boulonnais, natif du nord de la France, indique son ascendance arabe. Ce cheval musclé, au poil soyeux, mesure environ 165 cm.

▲ **Il a du punch !**
Le suffolk punch est le plus pur des chevaux de trait lourd britanniques. Modèle de puissance et de tenue, c'est aussi un cheval frugal. Toujours alezan, il peut présenter sept nuances de cette couleur. Tous les représentants de cette race descendent d'un étalon qui vivait en 1760.

▶ **Célébrité française**
Le percheron, originaire du sud-ouest de la Normandie, est peut-être le plus célèbre des chevaux lourds. Son élégance, malgré ses imposantes proportions, lui vient de l'apport de sang arabe dans la race. Le percheron est très populaire aux États-Unis et au Canada.

▲ **Chevaux forestiers**
Traditionnellement, les chevaux lourds ont été utilisés pour le débardage des grumes en forêt, comme le montrent ces deux shires.

▲ **Les semailles en Flandre**
Jadis, les chevaux travaillaient à la préparation des sols en vue des prochaines semailles. Cette scène flamande du XVIe siècle représente deux brabants tirant une herse sur un labour.

La faneuse, tirée par un cheval, secoue le foin pour lui permettre de sécher.

51

# La marche vers le cheval-vapeur

Sans le cheval, la révolution industrielle, à la fin du XVIIIe siècle, n'aurait pas eu lieu ; ni, par conséquent, l'exode vers les villes de gens désirant gagner leur vie dans ces nouvelles industries. Le cheval assurait en effet le transport des produits destinés à être exportés. La force du cheval était employée à tout : à faire tourner les mécanismes, à moudre le malt pour la bière et le blé pour la farine, à centrifuger le coton ou à activer le soufflet d'une fournaise. L'animal halait les péniches, tirait les omnibus, les voitures des pompiers et les wagons. Dans les mines de charbon, c'est le poney qui tractait les wagonnets remplis de combustible (p. 63). Aujourd'hui, rares sont les endroits où le cheval n'a pas été remplacé par des machines. Toutefois, le terme utilisé pour mesurer la puissance de traction d'un moteur est toujours le « cheval-vapeur », qui équivaut à 736 watts.

*Roue dentée*

▶ **Transport pour tous**
À Paris, les omnibus virent le jour en 1672, mais pour peu de temps. Ce moyen de transport ne réapparut qu'en 1828.

*Balance*

**Charrette de charbonnier, en Angleterre, vers 1920**

*Axe de la meule*

*Sac de charbon*

▲ **Fer à glace**
Sur la neige, il fallait des chevaux robustes spécialement ferrés (p. 28), comme ces deux haflingers en Bavière (sud de l'Allemagne), pour tirer des grumes, des traîneaux de voyageurs ou des marchandises.

*Lanterne*
*Frein*
*Avertisseur sonore*

▶ **Un grand voyage**
Ces lourdes charrettes en bois, attelées à quatre chevaux et chargées de fournitures, étaient celles des explorateurs d'Australie. Leur fiabilité venait de la robustesse de leurs roues.

*Tuyau*
*Seau à eau*

Sur cette voiture de pompiers anglaise de 1890, les roues très espacées permettent de tourner court sans risquer de verser.

◀ **Tourner en rond**
La monotonie de ce genre de travail est rendue plus évidente lorsque la photographie est prise d'en haut.

Engrenage relié à un axe d'acier

Lourd collier

Le cheval est relié à l'axe de la meule par un palonnier.

Trait de métal

Musculature indispensable à la traction de pareilles charges

Sous le pavé se trouvent d'énormes meules de pierre.

Shire activant une roue, dans un moulin

▶ **Chemin de halage**
Chevaux et mulets étaient largement employés à tirer le long des canaux des péniches chargées de charbon ou de céréales. Ce moyen de transport lent mais efficace survécut jusqu'au XXe siècle.

▲ **Un laborieux manège**
Le travail de ce cheval est de faire tourner un moulin à farine, ainsi que le firent chevaux, mulets et ânes (p. 24-25) en Europe, dès l'époque romaine. Les animaux (parfois attelés par paires) devaient tirer la corde ou la chaîne qui faisait tourner la lourde meule. Ils étaient spécialement dressés à garder une allure régulière pendant des heures.

53

# Les traits légers

Le « trait léger », qui n'a sans doute pas l'élégance du pur-sang ni la magnificence du cheval lourd (p. 50-53), fut le moyen de transport par excellence dans le monde entier, jusqu'à l'invention de la machine à vapeur, vers 1830. Ce type de cheval s'attelait à toutes sortes de voitures et il devait faire preuve de vitesse, d'endurance et de robustesse, car les trajets parcourus étaient souvent longs. En principe, les chevaux de trait léger n'appartenaient à aucune race bien définie, sauf exception, comme le cleveland bay préservé depuis longtemps comme une race pure dans le Yorkshire, au nord de l'Angleterre. Il était autrefois connu comme le cheval chapman qu'utilisaient les marchands ambulants du Moyen Âge, les *chapmen* en anglais.

Cab Hansom (vers 1850), cabriolet-taxi prévu pour deux passagers. Le cocher est à l'arrière.

▲ **Police à cheval**
Les chevaux de la police montée, spécialement entraînés, sont toujours utilisés dans certains pays anglo-saxons et en France pour contrôler les mouvements de foule ou faire des patrouilles en ville. Ils servent aussi à la garde des forêts.

Plumet noir

◀ **Travail de bûcheron**
Depuis toujours, le cheval de bât porte de lourdes charges. Celui-ci transporte le bois d'un bûcheron guatémaltèque.

Lanière de cuir reliant le collier au timon

Couverture noire couvrant les reins et la croupe du cheval

Fourgon de police anglais, de l'époque victorienne ; il servait à transporter les prisonniers, vers 1890.

Il n'y a pas si longtemps, ce type de corbillard drapé de noir, et tiré par deux chevaux de la même couleur, transportait les morts jusqu'à leur dernière demeure.

◀ **Promenade dominicale**
Cette lithographie américaine de la fin du XIXe siècle montre une famille se promenant dans une élégante voiture attelée à deux chevaux.

Harnais relié au timon

Paire de gris et phaéton de 1840

▲ **Enfants gâtés**
Au début du XIXe siècle, dans les villes d'eaux anglaises, les fils de famille rivalisaient d'adresse et d'audace en conduisant d'élégants phaétons décapotables comme celui-ci.

Cocher portant la tenue de deuil

Plume d'autruche

Cercueil

Vitre à motif gravé

Point d'attache des traits

Paire de welsh cobs, au harnais noir et argent, tirant un corbillard anglais vers 1850

Voiture de laitier à jantes gainées de caoutchouc

55

# Cavaliers des Amériques

Les chevaux sauvages indigènes d'Amérique du Nord disparurent il y a environ 10 000 ans. Très longtemps après, en 1492, le premier cheval domestique débarquait sur le continent américain avec Christophe Colomb. Il est vite devenu le symbole de la liberté et de l'esprit d'entreprise. Compagnons précieux de tous les instants, les chevaux, qui étaient près de 4 millions à la fin du XVIII$^e$ siècle, ont tiré de lourdes charges dans la chaleur des déserts, au fond des mines ou dans la boue des chemins. Ils ont transformé la vie des Indiens qui jusqu'alors utilisaient des traîneaux à chiens ou portaient leurs charges à dos d'homme. Moyens de déplacement rapides, les fidèles équidés ont aussi permis la chasse au bison.

### ▲ Buffalo Bill
À partir de 1883, un ancien cavalier du Poney-Express, William Frederick Cody (1846-1917), dit Buffalo Bill, organisa un spectacle représentant la vie au Far West, le *Wild West Show*. Sa troupe fut applaudie en Europe, en 1888 et 1889.

### ▲ Quadrille en musique
La Gendarmerie royale du Canada, police montée fondée en 1873, est célèbre dans le monde entier pour ses parades en musique. Les chevaux sont noirs et les cavaliers vêtus d'une tunique rouge portent des fanions de couleur.

### ▲ Voyages d'hier et d'aujourd'hui
Les Amish (secte mennonite) se sont établis en Pennsylvanie, aux Etats-Unis, au début du XVIII$^e$ siècle. Ils y ont inventé le Conestoga, version plus massive du chariot couvert avec lequel ils partirent explorer l'Ouest. Aujourd'hui encore, leur mode de vie austère leur commande l'utilisation du cheval pour travailler et se déplacer.

### ◀ Femmes de légende
Calamity Jane, Annie Oakley, Belle Starr... la liste des femmes légendaires du vieil Ouest est longue. Comme n'importe quel homme, elles devaient savoir conduire les troupeaux, monter à cheval, tirer au pistolet et faire face à toutes les situations. Les hors-la-loi, tels Frank et Jesse James, les frères Dalton, Billy the Kid ou Flo Quick, étaient pourchassés à cheval par des représentants de la loi comme Wyatt Earp et Wild Bill Hickok.

Chapeau stetson — Pommeau élevé de la selle « western » — Veste de peau à franges — Fouet — Crinière noir et blanc — Mors américain — Tapis de selle rayé — Pantalon de cuir — Étrier de cuir

Cavalière portant la tenue typique des cow-boys de l'Ouest, montant ici un cob pie alezan de 14 ans

L'appaloosa, avec sa robe tachetée, était la monture favorite des Indiens Nez-Percé.

### ▶ En route

Chaque année en juillet, à Calgary (ouest du Canada), a lieu un rodéo célèbre, le Stampede, qui, parmi ses attractions, inclut une course de cantines ambulantes. Chaque équipe, composée d'un chariot conduit par le cuisinier et de quatre cavaliers, cherche à franchir la première la ligne d'arrivée.

### ▶ Les héros du rodéo

« Il n'y a pas un bronco qui ne puisse être monté, il n'y a pas un cow-boy qui ne soit jamais tombé. » L'attraction principale d'un rodéo est de monter un bronco (cheval indompté) qui ne fait que ruer, mais il comporte aussi des épreuves de capture d'animaux au lasso. À l'origine, les rodéos opposaient des cow-boys lors de la fête de l'Indépendance (le 4 juillet). Le premier rodéo doté de prix eut lieu en 1883 à Pecos, au Texas (sud des États-Unis). Progressivement les cow-boys furent remplacés par des sportifs professionnels.

Lasso pour attraper le bétail

Pommeau

Ceinture à boucle d'argent et étui en cuir ouvragé

Mors de bride sans gourmette, dit « américain »

### ◀ Chasse au bison

Cette peinture de l'artiste américain George Catlin (1796-1872) montre comment les Indiens chassaient le bison à cheval. Massacrés par les immigrants européens, les bisons ont aujourd'hui presque entièrement disparu.

### La course de Paul Revere

Célèbre pour sa chevauchée dans la nuit du 18 avril 1775, depuis Boston, pour prévenir les colons du Massachusetts que les troupes britanniques arrivaient, Paul Revere (1735-1818), indissociable du cheval qu'il avait emprunté, est devenu une légende américaine.

Pantalon en cuir

Étrier en cuir

### ◀ Les dresseurs de l'armée

Les cavaliers des forces montées devaient passer de longues heures en selle ; il était donc important pour eux d'être fournis en chevaux solides. Ce tableau du peintre américain Frederic Remington (1861-1909) représente une charge de cavalerie.

**Cow-boy sur son cheval palomino**

# Sur les champs de courses

« Rapides, les chevaux dévorent la plaine [...]. Leurs crinières voltigent au souffle du vent. » Cette description de chevaux au galop provient de l'*Iliade*, écrite par Homère au IX<sup>e</sup> siècle av. J.-C. : au chant XXIII, cinq guerriers grecs se livrent à une course de chars dans la plaine de Troie en l'honneur de leur héros Patrocle, tué par le Troyen Hector. Au VII<sup>e</sup> siècle av. J.-C., quatre courses de chars entraient au programme des premiers Jeux olympiques, et, dans les siècles qui suivirent, les Romains organisèrent des courses dans des cirques conçus à cet effet. Par la suite, l'intérêt pour ces spectacles baissa. Ce n'est qu'au XII<sup>e</sup> siècle que les courses reprirent en Europe et les académies enseignant l'équitation classique fleurirent pendant la Renaissance. En 1750, le premier Jockey-Club était fondé en Angleterre. Aujourd'hui, les compétitions équestres sont plus populaires que jamais et des sommes énormes sont investies dans l'élevage des chevaux.

Écuyère du *Cirque*, peint par Georges Seurat (1859-1891).

Chaque année à Sienne, en Italie, se tient l'impressionnant Palio, où chevaux et cavalier se livrent à une course effrénée.

Pommeau
Troussequin
Étrier de métal

Cette selle anglaise, d'un modèle ancien, a un pommeau et un troussequin peu proéminents.

Une légende dit que c'est Pélops qui fonda les Jeux olympiques en 1222 av. J.-C., en l'honneur du dieu grec Zeus.

Bombe
Veste de concours hippique
Sous-gorge
Martingale

Têtière
Montant de filet
Muserolle

Cheval d'obstacle gris pommelé de 7 ans, mélange de pur-sang et de trait léger irlandais

Tapis de selle
Barre de bois peint à 1,50 m du sol

▶ **Courses de clocher**
Les courses de steeple-chase débutèrent en 1752. Elles se déroulaient dans la campagne, le clocher du village voisin étant l'objectif à atteindre. Tout ce qui se présentait, haies, talus, fossés, barrières, devait être sauté.

▲ **L'art de sauter**
Franchir des obstacles qui se présentent à lui est naturel pour un cheval qui fuit un prédateur. Mais un cheval domestique ne sautera que s'il est guidé par son cavalier. L'entraînement d'un cheval de concours hippique est un processus long et compliqué.

▶ **Un concours très complet**
Le concours complet teste l'endurance, la vitesse et la soumission du cheval, ainsi que le talent du cavalier. Les épreuves commencent par le dressage le premier jour, suivi du cross-country (qui comprend un spectaculaire bond dans l'eau) et du steeple-chase le deuxième jour. Le concours hippique a lieu le troisième et dernier jour.

▲ **Cavaliers en herbe**
Les jeux à cheval, ou gymkhanas, consistent en des exercices d'adresse, de souplesse et d'audace : il faut suivre un parcours, descendre et remonter à cheval, sauter, saisir des objets au sol, etc. Le tout, bien sûr, est chronométré.

La monte en amazone remonte à 600 ans environ ; elle était pratiquée par les cours européennes. Au XIX$^e$ siècle, les dames chassaient à courre en montant de cette façon.

Pommeau
Haut troussequin
Lanière
Étrier de cuir

Rêne
Culotte de cheval classique
Selle anglaise

Les selles « western », faites de cuir richement ouvragé, ont ce pommeau caractéristique auquel les cow-boys pendent leur lasso.

Filet, ou bridon
Guêtre protégeant les tendons
Sangle
Étrier d'acier

◀ **Ce vieux polo**
Le polo, tel qu'on le voit sur cette soie imprimée du XVII$^e$ siècle, a été inventé par les Chinois, il y a environ 2 500 ans. Aujourd'hui, ce sport est très prisé aux États-Unis, en Argentine, en Australie, en Angleterre et en France. Deux équipes de quatre joueurs frappent une balle avec un maillet et doivent marquer le plus de buts possible pendant les sept minutes et demie que dure chaque période, ou « chukka ».

▲ **Partis !**
Les courses de plat sont réservées aux chevaux pur-sang. Les plus célèbres hippodromes français sont, en région parisienne, Longchamp et Chantilly (où se court en juin le fameux prix de Diane), et, en Normandie, Deauville.

59

# L'équitation se risque au jeu

L'étroite relation qui s'est établie pendant des milliers d'années entre l'homme et le cheval n'a pas cessé avec l'apparition de la voiture à moteur. Aujourd'hui, les compétitions sportives, comme la course et le concours hippique, et leur retransmission télévisée assurent une popularité grandissante aux chevaux. Ceux-ci, notamment les chevaux de course et les sauteurs, sont entraînés chaque jour. À l'heure de la compétition, ils utiliseront leur instinct naturel pour obéir à leur cavalier (ou suivre les autres chevaux), aiguillonnés par la cravache, qui évoque pour eux un prédateur à leur poursuite. Mis à part la course et le saut, le plus ancien sport faisant appel au cheval est la chasse à courre. Beaucoup la jugent cruelle, mais d'autres considèrent que la vénerie protège l'environnement et contrôle, en les préservant, les populations de renards et de cerfs. Les disciplines équestres comprennent aussi l'attelage, l'équitation classique (c'est-à-dire le dressage), l'endurance et la promenade à poney ; elles procurent à des milliers de gens une activité sportive et un loisir.

### ▲ Le sport des rois
Les courses sur terrain plat – le sport des rois – sont très populaires dans le monde entier, avec des épreuves classiques tels le Derby d'Epsom en Angleterre ou la Melbourne Cup en Australie. Ici, le peintre impressionniste Edgar Degas (1834-1917) montre les chevaux attendant le départ, montés par des jockeys portant les couleurs de leur propriétaire.

Taille au garrot 152 cm

### ◄ Traversée d'une rivière
Partout dans le monde, la promenade à poney est une activité très prisée par les adultes et les enfants. Ici, de jeunes cavaliers en file indienne font traverser à leur monture une rivière peu profonde.

### ► Trotteurs et ambleurs
Dans de nombreuses parties du monde, comme les États-Unis, la France, l'Australie, la Russie et la Nouvelle-Zélande, le trot est aussi apprécié que le plat. Comme pour les anciennes courses de chars, les chevaux sont attelés, mais dans les courses modernes, seule l'allure du trot est autorisée et les attelages ne sont tirés que par un seul cheval. Les ambleurs, comme celui représenté ici, trottent latéralement au lieu de trotter de manière classique, c'est-à-dire en diagonale.

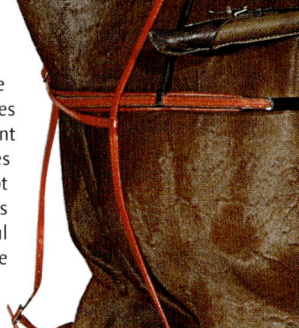

### ► Endurance
Depuis des siècles, des cavaliers prennent part à des courses d'endurance et tentent de battre des records. Sur cette gravure japonaise du XVIIIe siècle, de Katsushika Hokusai (1760-1849), trois cavaliers se livrent à une course en direction du mont Fuji.

Standardbred américain ambleur mené par son propriétaire, qui porte ses propres couleurs

◀ **Dressage**
L'équitation classique montre un cheval au sommet de sa forme et de son obéissance au cavalier. Cette discipline atteignit son apogée au XIXe siècle. Dans les compétitions de dressage modernes, qui se déroulent sur une piste de 60 m sur 20, des points sont attribués pour l'exécution des figures. Ici, le cheval est au piaffer (p. 41).

Pendant des siècles, le crin de cheval a été utilisé pour la confection des archets.

▶ **Le retour du chasseur à cheval**
La chasse à cheval remonte aux Assyriens (2000 av. J.-C.). Le gibier était alors soit le lion, soit le bovidé sauvage. Plus tard, en Europe, on chassa l'ours, le lièvre ou le cerf, comme sur cette peinture flamande du XVIe siècle. Au XVIIe siècle, les Anglais commencèrent à chasser le renard. Ce sport est resté très populaire en France et dans d'autres pays à tradition de vénerie.

▲ **Attelés à gagner**
L'attelage est une discipline qui devient de plus en plus prisée dans le monde entier. En 1970 eurent lieu les premières compétitions, copiées sur le modèle du concours complet. Cette discipline comprend une épreuve de dressage et de présentation le premier jour, un marathon de 27 km le deuxième, et s'achève sur une épreuve de maniabilité.

*Cravache*

*Toque de jockey*

*Casaque aux couleurs du propriétaire*

## De drôles d'allures
Le cheval possède quatre allures naturelles. Le pas est à quatre temps : jambe postérieure gauche, jambe antérieure gauche, jambe postérieure droite, jambe antérieure droite, chaque membre touchant le sol l'un après l'autre. Le trot a deux temps : jambe postérieure gauche et jambe antérieure droite ensemble, puis jambe postérieure droite et jambe antérieure gauche ensemble. Le petit galop a trois temps : jambe postérieure gauche, puis jambe antérieure gauche et postérieure droite ensemble, puis jambe antérieure droite. Le galop a quatre temps : les mêmes que pour le pas, puis les quatre membres ne touchant pas le sol.

*Sulky*

*Un harnais spécial autour des jambes aide le cheval à se maintenir à l'amble.*

# À l'école du poney

Les enfants qui s'occupent d'un poney comprennent à merveille la complicité qui peut s'instaurer entre un homme et un animal. Autrefois, en Europe du Nord, les poneys étaient utilisés pour le bât et le travail de la ferme ; et lorsqu'un poney particulièrement docile était mis à la retraite, on le donnait à un enfant pour ses premières leçons d'équitation. À cette époque, tout le monde savait soigner un cheval ; aujourd'hui, moins de gens apprennent à monter et rares sont ceux qui ont la chance de posséder leur propre monture. Si la plupart des races de poneys, comme le dartmoor, sont très rustiques et ont évolué dans un environnement où ils devaient se contenter de peu et affronter l'hiver, celles de pur-sang, destinées aux compétitions, nécessitent beaucoup plus de soins.

**▲ Poney-express**
Vers 1860, les cavaliers de Poney-Express bravaient le mauvais temps, un terrain difficile et les attaques des Indiens, sur 3 000 km, du Missouri à la Californie, pour porter le courrier. Ils ont réussi à réduire le temps de distribution de plusieurs semaines à quelques jours.

Paire de shetlands noirs tirant un chariot contenant du foin et un sac de grain

**◄ Petits mais puissants**
Malgré leur petite taille, les poneys shetlands, initialement utilisés pour les travaux de la ferme, peuvent tirer de très lourdes charges.

**◄ Handi-équitation**
Tout handicapé qui désire monter à cheval devrait pouvoir le faire. Ici, une jeune cavalière dirige son poney avec ses pieds.

## Comment s'occuper de son poney

Être responsable d'un poney représente beaucoup de travail, car le bien-être de l'animal dépend entièrement de son propriétaire. Il faut à l'animal de l'herbe, de l'eau fraîche, un abri, un exercice régulier et de la compagnie. Il doit aussi être pansé, vermifugé, et ses pieds doivent être parés (revus par le maréchal-ferrant) régulièrement.

Paille pour la litière

Pulpe de betterave (Elle doit être mouillée 24 h avant usage.)

Mélange nutritif d'orge, d'avoine, de maïs, de granulés et de mélasse

Orge aplatie

Jouet de terre cuite vernissée montrant un garçon et son poney (Égypte, 200 apr. J.-C.)

▲ **Très à cheval sur le confort**
Une couverture, qu'elle soit en jute, en laine ou en nylon, est nécessaire pour maintenir un cheval au chaud pendant l'hiver, ou pour le protéger des mouches et de la chaleur par temps chaud.

Cravache de dressage

Chambrière

Licol pour habituer un cheval à être mené

▲ **Tournez, manèges !**
Toute fête de village se doit d'avoir son manège où de jeunes enfants peuvent sans danger chevaucher des chevaux de bois peints qui montent, descendent, tournent et tournent...

Cure-sabot

Brosse à étriller

Huile pour les sabots

Brosse pour la crinière, la queue et le corps

Brosse douce pour le corps

Peigne métallique pour la crinière et la queue

Foin pour la nourriture

Lampe de mineur

▲ **Poney à la triste mine**
On descendait au fond de la mine des poneys qui pouvaient se diriger le long des tunnels sans avoir besoin d'y voir. Il y faisait froid et humide, et c'était la plus dure des existences pour les mineurs et leurs poneys, qui, eux, ne remontaient jamais et devenaient aveugles.

Jeune garçon et son poney gris foncé, prêts à descendre au fond d'une mine de charbon

Fourche à trois dents pour pailler les écuries

63

# Le saviez-vous ?

## Des informations passionnantes

Le dominant de ce troupeau de chevaux est certainement une jument.

Les spécialistes ont longtemps polémiqué pour savoir si un cheval au galop avait, ou non, à un moment donné les quatre pieds en suspension au-dessus du sol. Puis, en 1878, un photographe du nom d'Edward Muybridge installe 24 appareils côte à côte pour photographier toutes les phases du galop d'un cheval. Les photographies ainsi prises ont alors prouvé qu'à chaque foulée il y a un moment où les quatre pieds du cheval sont effectivement tous en l'air.

Un cheval boit au moins 25 litres d'eau par jour, à peu près 13 fois plus qu'un être humain adulte.

À peine une heure après sa naissance, le poulain est déjà capable de se tenir debout et de marcher, alors qu'un enfant ne commence à marcher que vers un an. Cela est vital pour le petit du cheval qui doit pouvoir suivre rapidement le reste du troupeau.

Un troupeau est généralement conduit par une jument. Celle-ci décide du moment où il faut se déplacer à la recherche de nouveaux pâturages et se charge de maintenir la discipline au sein du groupe. Elle possède toutes sortes d'expressions menaçantes (p. 12) pour se faire respecter.

Le cheval-vapeur (CV) est une ancienne unité de mesure pour la puissance égale à 736 watts. Les scientifiques la définissent comme la puissance nécessaire pour soulever et porter un poids de 75 kg, sur une distance d'un mètre, en une seconde. Les chevaux sont en réalité 10 à 13 fois plus puissants : la force d'un cheval n'est donc pas équivalente à un cheval-vapeur.

Un âne avec sa charge de paille

Élevés pour leur énergie et leur endurance, les ânes sont utilisés pour porter de lourdes charges. Le travail plus noble de porter des cavaliers est réservé au cheval. Cette répartition du travail existe encore aujourd'hui dans de nombreux pays où les animaux constituent la principale force motrice disponible.

Cheval âgé de 20 ans montrant ses dents

Une jument et son poulain

Les poumons puissants et le cœur robuste des chevaux leur permettent de galoper très vite. Le cœur d'un pur-sang peut peser jusqu'à 5 kg, soit environ 16 fois plus que celui d'un être humain adulte, d'un poids de 300 g.

Le shire est la race de chevaux la plus grande du monde. C'est cependant un percheron, dénommé Dr Le Gear, qui a battu le record de taille avec 213 cm au garrot.

L'examen de sa denture est la meilleure façon de connaître l'âge d'un cheval. En vieillissant, ses incisives s'usent et avancent progressivement vers l'extérieur de la bouche. Pour aider les chevaux à mieux vieillir sans problème alimentaire, on a quelquefois recours au dentiste.

# Questions / réponses

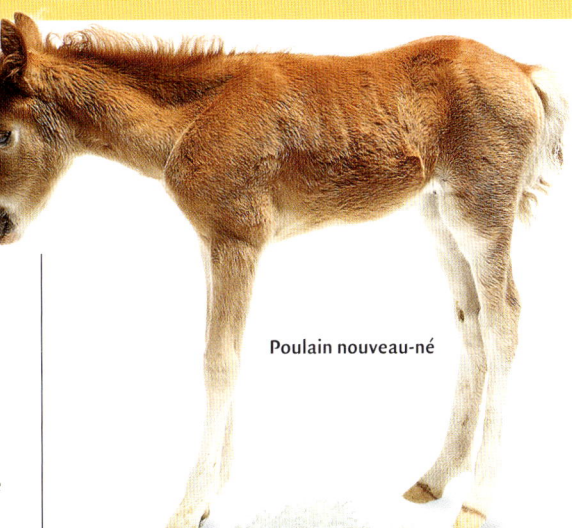

**Pourquoi les poulains ont-ils l'air aussi dégingandés à la naissance ?**

À la naissance, les jambes du poulain sont déjà à 90 % de leur taille adulte. Le reste du corps, en revanche, devra grandir encore beaucoup. Cela lui donne cette apparence dégingandée. Pour pouvoir brouter, les poulains doivent souvent plier les antérieurs.

**Pourquoi les yeux des chevaux sont-ils situés de part et d'autre de la tête ?**

Le champ visuel est ainsi très large et le cheval peut détecter tout autour de lui les dangers qui le menacent. Lorsqu'il broute, le cheval surveille tout autour de lui sans avoir à lever la tête.

**Pourquoi les chevaux se roulent-ils par terre ?**

Un cheval se roule par terre pour se gratter aux endroits qu'il ne peut atteindre autrement et aussi pour se débarrasser de ses vieux poils. Les individus d'un même troupeau se roulent généralement sur le même lieu, chacun y laissant son odeur particulière. L'ensemble des odeurs mélangées constitue celle du troupeau, facteur d'homogénéisation.

*Poulain nouveau-né*

*Cheval se roulant par terre*

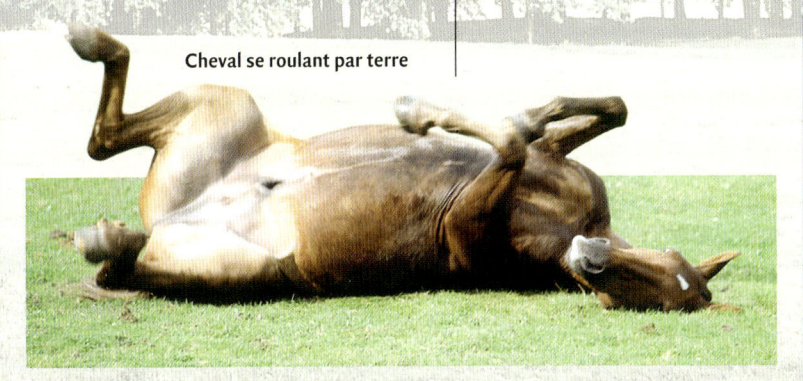

**Pourquoi les chevaux s'enfuient-ils ?**

Face au danger, généralement la venue d'un prédateur, les chevaux ont deux possibilités, la fuite ou l'affrontement. Ils choisissent souvent la fuite. Dans un troupeau, il y a toujours un cheval de surveillance : s'il sent un danger, il prévient les autres et tout le troupeau détale. Les chevaux commencent par s'enfuir et « s'interrogent » ensuite !

**Quand les hommes ont-ils commencé à organiser des courses de chevaux ?**

Les plus anciens vestiges d'une course montée datent des Jeux olympiques de l'Antiquité grecque, en 624 av. J.-C. Les jockeys montaient à cru sur une distance de 1 200 m environ.

**À quelle vitesse un cheval galope-t-il ?**

Le record de vitesse est de 69 km/h, ce qui place le cheval parmi les 10 mammifères les plus rapides du monde. Il est cependant loin derrière le premier d'entre eux, le guépard, qui peut dépasser les 100 km/h.

**Pourquoi y a-t-il des chevaux de tailles et de formes aussi diverses ?**

Les hommes ont créé, par la sélection artificielle, différentes races de chevaux, favorisant ainsi la reproduction de certaines races. Les croisements entre races ou entre lignées dans une même race permettent de développer des fonctions ou des caractères morphologiques particuliers. Certains ont été sélectionnés pour leur force, d'autres pour leur vitesse. Ainsi, différentes races de chevaux et de poneys ont été créées.

**D'où vient le nom du cheval de Prjevalski ?**

Ce nom est celui de l'homme qui a découvert cette espèce, Nikolaï Prjevalski. Explorateur russe du XIXe siècle, il s'aventurait dans des contrées jusque-là inconnues de l'Asie centrale, comme les monts Tian Shan et le lac Baïkal. Passionné de vie sauvage, il avait constitué une vaste collection de plantes et d'animaux. Le chameau et le cheval sauvage, localisés en Mongolie de l'Ouest dans les années 1870, figurent parmi ses découvertes de naturaliste.

# Quelques records

**Le saut le plus haut**
Le record du monde de saut en hauteur, détenu par le capitaine Alberto Larraguibel sur Huaso, est de 2,47 m.

**Record de vitesse**
Le vainqueur le plus rapide du Derby d'Epsom est Lammtarra. Il a parcouru les 2 400 m de l'épreuve en 2 min 32 s en 1995.

**La plus grande race**
Mesurant en moyenne entre 165 et 180 cm au garrot, le shire est le plus grand des chevaux.

**La plus petite race**
Le falabella est le plus petit des chevaux : il mesure environ 76 cm. Bien qu'il soit très petit, ce n'est pas un poney, c'est un cheval miniature : il en a la morphologie et les caractéristiques.

*Shire*

*Falabella*

# L'identification des chevaux

Il existe environ 160 races de chevaux dans le monde. Elles ont souvent été créées pour des caractères particuliers propres à certains usages, comme la course, les travaux agricoles ou le trait.

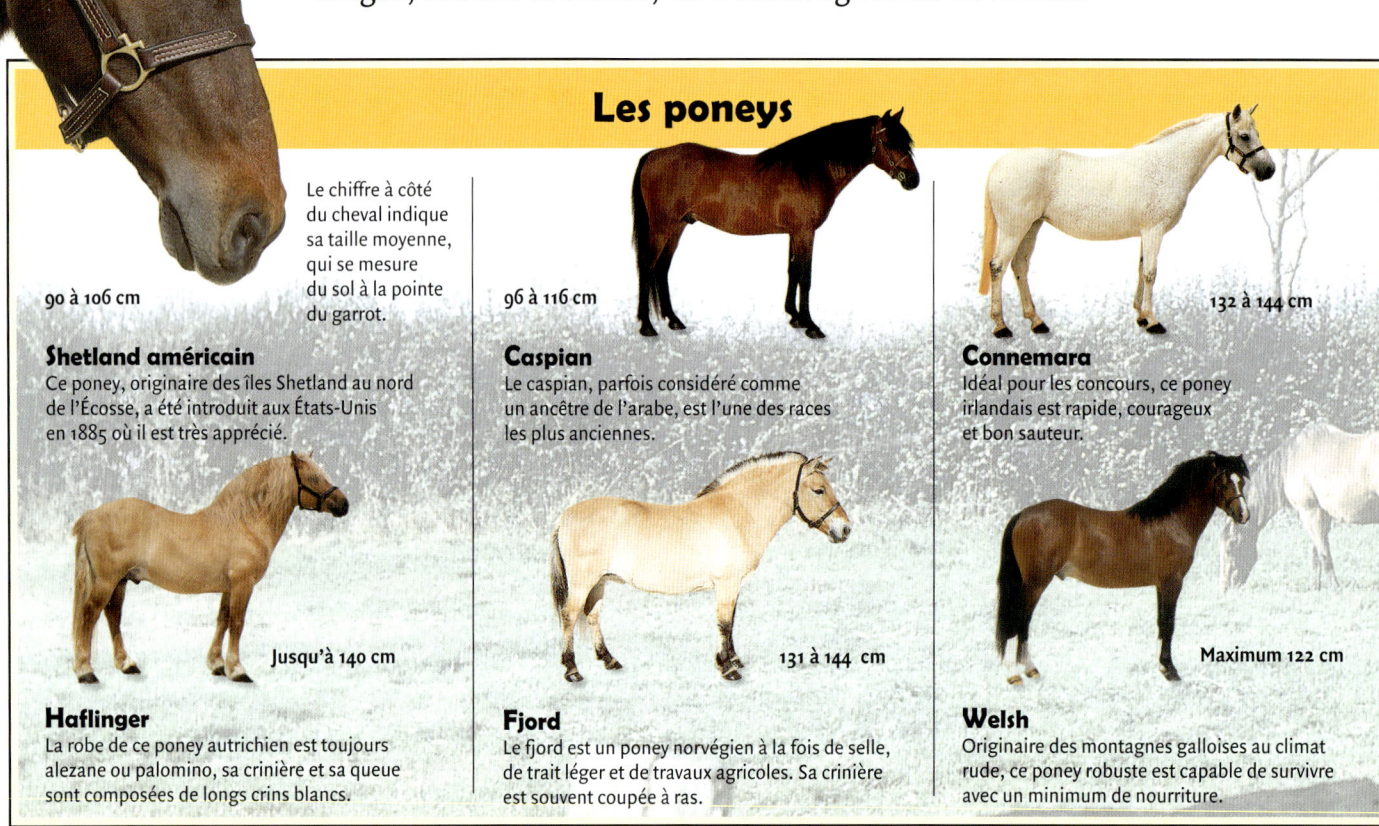

## Les poneys

Le chiffre à côté du cheval indique sa taille moyenne, qui se mesure du sol à la pointe du garrot.

90 à 106 cm

**Shetland américain**
Ce poney, originaire des îles Shetland au nord de l'Écosse, a été introduit aux États-Unis en 1885 où il est très apprécié.

96 à 116 cm

**Caspian**
Le caspian, parfois considéré comme un ancêtre de l'arabe, est l'une des races les plus anciennes.

132 à 144 cm

**Connemara**
Idéal pour les concours, ce poney irlandais est rapide, courageux et bon sauteur.

Jusqu'à 140 cm

**Haflinger**
La robe de ce poney autrichien est toujours alezane ou palomino, sa crinière et sa queue sont composées de longs crins blancs.

131 à 144 cm

**Fjord**
Le fjord est un poney norvégien à la fois de selle, de trait léger et de travaux agricoles. Sa crinière est souvent coupée à ras.

Maximum 122 cm

**Welsh**
Originaire des montagnes galloises au climat rude, ce poney robuste est capable de survivre avec un minimum de nourriture.

## Chevaux de selle

145 à 155 cm

**Appaloosa**
Reconnaissable à sa robe tachetée. Il descend des chevaux introduits sur le continent américain par les conquistadors espagnols.

145 à 155 cm

**Arabe**
L'arabe est la race la plus pure. Originaire de la péninsule Arabique, son existence remonte au moins à 2500 av. J.-C.

145 à 155 cm

**Barbe**
Originaire du Maroc, c'est le cheval des cavaliers berbères. Sa robe est généralement grise ou noire. C'est une très ancienne race très résistante.

146 à 163 cm

**Quarter horse**
Première race américaine, il servait aux travaux agricoles, notamment pour encadrer le bétail. C'était un parfait cheval de cow-boy.

155 à 175 cm

**Selle français**
Héritier d'une ancienne race normande, le selle français a été sélectionné pour la selle, c'est aussi un cheval de concours hippique, doué à l'obstacle.

150 à 173 cm

**Pur-sang anglais**
Cette race, créée au XVIIIe siècle en Angleterre et issue d'étalons arabes, est la plus rapide. De fait, elle est essentiellement utilisée dans les courses.

## Chevaux de trait léger ou demi-lourd

162 à 165 cm

**Cleveland bay**
Originaire du nord-est de l'Angleterre, ce cheval était utilisé pour tirer des attelages, notamment à la chasse.

152 cm environ

**Frison occidental**
Cette race hollandaise ancienne, vigoureuse et particulièrement intelligente, est tout à fait adaptée au travail.

154 à 163 cm

**Gelderland**
Ce cheval des Pays-Bas, élevé spécialement pour le trait léger, sert souvent dans des courses d'attelage.

145 à 147 cm

**Hackney**
Cheval anglais au trot relevé, très caractéristique. à l'origine, il était élevé comme cheval d'attelage, notamment pour tirer les fiacres.

152 à 165 cm

**Lipizzan**
Le lipizzan gris est le cheval de l'École espagnole d'équitation de Vienne. Il excelle dans les exercices de dressage.

145 à 165 cm

**Standardbred**
Cette race américaine est réputée pour les courses de trot. Elle peut parcourir un mile (1 609 m) en moins de deux minutes.

## Chevaux de trait lourd

152 à 162 cm

**Ardennais**
Originaire des Ardennes françaises et belges, l'ardennais est la plus ancienne race de chevaux de trait lourd en Europe.

150 à 164 cm

**Belge**
Remarquable pour sa grande force, le belge servait à l'origine aux travaux agricoles. Ses pattes sont relativement courtes.

164 à 173 cm

**Clydesdale**
Utilisé en ville, ce cheval écossais servait à faire les livraisons. Sa force de travail était également utilisée dans les brasseries pour la fabrication de la bière.

150 à 165 cm

**Percheron**
Ce cheval du Perche sert encore à toutes sortes de gros travaux. Il a aussi été un cheval de guerre. Issu d'un croisement avec l'arabe, il est énergique.

165 à 180 cm

**Shire**
Cheval du centre de l'Angleterre, le shire est la plus grande race au monde. Utilisé dans les campagnes pour les travaux agricoles, notamment pour tirer la charrue ; en ville, il tirait les chars de livraison (haquets) des brasseurs.

# Pour en savoir plus

Pour ceux qui souhaiteraient en apprendre davantage sur le monde des chevaux, il existe plus d'une façon de le faire. Assister à un événement hippique est une bonne approche – au printemps et en été ils se déroulent à l'extérieur et l'hiver à l'intérieur – de même que visiter une foire locale où plusieurs races sont présentées. Pour les plus intéressés, pourquoi ne pas essayer de monter à cheval ? Une fois les bases acquises, on peut randonner dans la campagne ou même participer à un concours local. La complicité avec son cheval est une expérience magnifique !

### ▶ Flot
À l'occasion des concours hippiques, les trois ou quatre premiers reçoivent un flot. Il est alors souvent fixé à la tête du cheval pour un tour d'honneur. Une plaque marquant ce prix est également remise aux vainqueurs, elle sera clouée sur la porte du box des chevaux victorieux.

Flot

Il faut toujours porter une bombe à cheval. Celle-ci protège la tête en cas de chute ou de heurt (contre une branche d'arbre par exemple).

### ▼ Les concours hippiques
Ils consistent essentiellement en épreuves d'obstacles (jumping), de dressage ou d'attelage. Il en existe de toutes sortes, locaux, comme le gymkhana ou le steeple-chase organisé par un club, jusqu'aux championnats départementaux ou internationaux. Ci-contre, la rubrique « Des lieux à visiter » signale quelques-unes des manifestations les plus importantes.

### ◀ Monter à cheval
Pour se lancer dans l'équitation, il faut s'adresser à un club d'équitation. La Fédération française d'équitation (FFE) propose une liste de clubs affiliés qui permet d'en choisir un dans sa région. Aucun équipement particulier n'est nécessaire, car les clubs fournissent une bombe aux débutants, mais il vaut mieux porter un pantalon d'équitation et un haut à manches longues pour le confort et éviter les écorchures en cas de chute.

Renverser cette barre coûte 4 points !

Les pantalons d'équitation (ou jodhpurs) sont plus confortables pour monter que les pantalons ordinaires.

### ◀ L'équipement
Si, au bout de deux ou trois leçons, on choisit de continuer, cela vaut la peine de se procurer un équipement. La bombe et les bottes d'équitation sont les deux éléments prioritaires pour la sécurité et le confort.

Le port de bottes offre un confort appréciable en maintenant la jambe.

## Quelques sites internet

- Site officiel des haras nationaux : www.haras-nationaux.fr
- Site officiel de l'École nationale d'équitation : www.cadrenoir.fr
- Site officiel de la Fédération française d'équitation : www.ffe.com
- Site officiel du Comité national du tourisme équestre : www.tourisme-equestre.fr
- Site de l'Organisation des maréchaux-ferrants : bruno.maudouit.free.fr/ufm
- Site de la Ligue française pour la protection du cheval : www.lfpc.asso.fr
- Site officiel de la Fédération internationale de l'équitation : www.fei.org/

Trophée récompensant le vainqueur d'un concours

Chevaux camarguais

Tous les camargues ont cette robe grise. Chez les jeunes, elle est parfois plus sombre, mais elle s'éclaircit par la suite.

▲ **Des chevaux en liberté**
En Angleterre, dans plusieurs régions, quelques races de chevaux vivent à l'état sauvage (new forest, dartmoor et exmoor). Ils appartiennent en réalité à un propriétaire, mais n'étant pas habitués à la présence humaine, ni à celle des chiens, ils sont craintifs. En France, seuls les chevaux de Camargue, dans le delta du Rhône, vivent à l'état sauvage.

Placé sur les oreilles du cheval, le capuchon atténue les bruits qui peuvent le déconcentrer.

Des shires tirant une charrue

▲ **Pour voir différentes races de chevaux**
Les foires locales, les salons équestres et les manifestations estivales autour du cheval sont les meilleurs endroits pour admirer différentes races en même temps. Le Salon du cheval et celui de l'agriculture, qui se tiennent chaque année à Paris, présentent de nombreuses races. Les haras nationaux, un peu partout en France, souvent ouverts au public, permettent d'admirer de magnifiques chevaux.

## Des lieux à visiter

**Les haras nationaux :**

**Haras du Pin**
(61310 Le Pin)
Service visites et animations
Tél. 02 33 36 68 68

**Haras national de Pau-Gelos**
(64110 Gelos)
Service visites
Tél. 05 59 06 98 37

**Parc du cheval Rhône-Alpes**
(01150 Chazey-sur-Ain)
Visites de groupes sur rendez-vous
Tél. 04 37 61 19 18

**Haras national de Pompadour**
(19230 Arnac-Pompadour)
• Horaires des visites :
- Château et Haras : 10 h et 15 h et à partir de mi juillet : toutes les heures de 10 h 11 h 14 h 15 h 16 h 17 h (susceptibles de modifications, contacter les 3 Tours)
- Jumenterie : 14 h 30, 15 h 30, 16 h 30 et en mai juin: 17 h30
La Jumenterie est fermée le lundi
• En plus des visites, de nombreuses animations sont accessibles sur réservation uniquement :
- Entraînement des artistes équestres en résidence et spectacles
- Balade en attelage
- Cabaret équestre
- Spectacle équestre du 14 juillet
• Expositions : « Art et Haras » du 6 août au 30 septembre
• Les Jardins du château, l'écurie de la marquise et le Garage des calèches sont en visites libres de 10 h à 12 h et de 14 h à 18 h.
• Pour plus d'informations :
Association des Trois Tours de Pompadour
Tél. 05 55 98 51 10
www.les3tours-pompadour.com

**École nationale du cheval à Saumur**
Service des visites : E.N.E. - BP 207
49411 Saumur Cedex
Tél. 02 41 53 50 60

**Salon du cheval de Paris**
Parc des expositions de Paris-Nord-Villepinte
Fin novembre-début décembre
Informations sur www.salon-cheval.com

Pur-sang à l'entraînement

# Glossaire

**Âne** De la famille des équidés, il en existe deux espèces – l'âne sauvage d'Afrique (*Equus asinus*) et l'âne sauvage d'Asie, l'hémione (*Equus hemonius*).

**Âne domestique** Il descend de l'âne sauvage d'Afrique (*Equus asinus*).

**Ânesse** Femelle de l'âne.

**Animal de bât** Utilisé pour porter des charges, plutôt que pour la selle. Les mulets sont des animaux de bât.

**Arabe** Une des plus anciennes races de chevaux. Originaires de la péninsule Arabique, ils étaient déjà élevés il y a environ 2 500 ans.

**Barbe** Une des races les plus anciennes. Originaire du Maroc, c'est la monture traditionnelle des Berbères.

**Bardot** Hybride d'une ânesse et d'un cheval étalon.

**Boulet** Articulation de la jambe du cheval entre le canon et le paturon.

**Bride** Élément du harnais placé sur la tête du cheval et qui sert à le diriger. Elle est composée du filet, de lanières de cuir, du mors et des rênes que tient le cavalier.

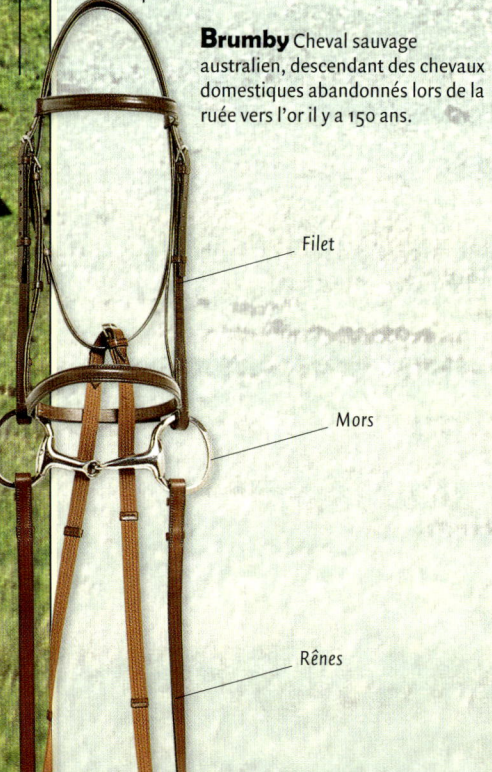

**Brumby** Cheval sauvage australien, descendant des chevaux domestiques abandonnés lors de la ruée vers l'or il y a 150 ans.

Âne sauvage d'Afrique

Filet

Mors

Rênes

Bride

**Canon** Partie de la jambe du cheval au-dessus du boulet.

**Canter** Petit galop. Allure à trois temps : le cheval pose d'abord le postérieur gauche, puis l'antérieur gauche et le postérieur droit en même temps et enfin l'antérieur droit seul.

**Cavalerie** Troupes à cheval.

**Cheval de Prjevalski** La seule espèce de cheval sauvage jamais domestiquée et encore vivante. Dans les années 1960, ce cheval avait disparu de sa région d'origine, mais il y est aujourd'hui réintroduit à partir d'individus élevés en captivité.

**Cheval de trait lourd** Utilisé pour tirer des charges très lourdes et pour les travaux agricoles, plutôt que pour la selle.

**Chevalerie** Institution féodale regroupant des chevaliers – cavaliers de la noblesse – exaltant des qualités comme le courage, l'honneur et la courtoisie.

**Cheval-vapeur** Ancienne unité de mesure utilisée pour mesurer la puissance d'un engin. Un CV représente la puissance nécessaire pour lever un poids de 75 kg sur 1 m en une seconde.

**Colt** Poulain mâle de moins de 4 ans pas encore castré.

**Course de plat** Course sur piste sans obstacle.

**Crinière** Les crins qui poussent sur l'encolure du cheval.

**Croisade** Expédition militaire des chevaliers au Moyen Âge qui visait à s'emparer de la Terre sainte (Israël et Territoires palestiniens actuels) en faisant la guerre aux musulmans.

**Domestication** Action d'apprivoiser un animal sauvage pour l'amener à vivre au contact des êtres humains. La domestication des chevaux a commencé il y a quelque 6 000 ans en Europe orientale.

**Dressage** Discipline équestre qui révèle les qualités d'obéissance et de souplesse des chevaux.

**Éperon** Accessoire en U terminé par un ergot ou une molette, fixé sur le talon de la botte du cavalier, l'éperon sert à accélérer l'allure du cheval.

**Équidés** Famille de mammifères à laquelle appartiennent les chevaux, les ânes sauvages et les zèbres. La racine de ce mot est *equus*, mot latin signifiant cheval.

**Équitation** Art de monter à cheval.

**Étalon ou Entier** Cheval mâle, âgé de 4 ans et plus, généralement destiné à la reproduction.

**Étriers** Anneaux en métal suspendus à la selle par des lanières de cuir (étrivières), dans lesquels le cavalier appuie ses pieds.

**Fanon** Touffe de poils située derrière le boulet (sabot) du cheval.

**Galop** Allure la plus rapide à quatre temps, avec un temps où les quatre pieds du cheval sont en même temps en suspension au-dessus du sol.

**Garrot** Partie du corps située au-dessus des épaules et en bas de l'encolure.

Dressage

*Crinière*

*Croupe* — *Dos* — *Garrot*

*Mustang*

*Canon* — *Boulet* — *Sabot*

**Gaucho** Gardien de troupeaux à dos de cheval dans la pampa sud-américaine.

**Harnais** Ensemble des pièces qui permet d'équiper le cheval et de le diriger, qu'il soit attelé ou monté.

**Hémione** Nom donné à l'âne sauvage d'Asie.

**Hongre** Cheval castré.

**Hybride** Résultat du croisement de deux espèces différentes.

**Joute** Combat entre deux chevaliers armés de lances. Inventé au Moyen Âge, ce jeu permettait aux chevaliers de s'entraîner au combat sans trop de risque pour leur vie.

**Jument** Cheval femelle de 4 ans et plus.

**Ligament** Ensemble des fibres reliant les os au niveau des articulations et permettant le mouvement de ces dernières.

**Liste** Bande de poils blancs s'étalant sur le front et le chanfrein du cheval.

**Maréchal-ferrant** Artisan qui ferre les chevaux.

**Marquer au fer** Action d'apposer sa marque avec un fer chauffé au rouge sur la peau du cheval pour indiquer sa race ou son propriétaire.

**Monter en amazone** Monter à cheval avec les deux jambes sur le côté gauche de la selle. Autrefois les femmes, ne pouvant monter à califourchon à cause de leurs longues robes, adoptaient cette position.

**Mors** Élément du harnais qui s'insère dans la bouche du cheval. Il en existe de différentes sortes, dont le mors de filet, le mors de bride ou le mors brisé (p. 31).

**Mulet** Hybride d'un âne et d'une jument.

**Museau** Le nez et la bouche du cheval.

**Mustang** Cheval sauvage d'Amérique du Nord. Les mustangs descendent de chevaux domestiques introduits aux Etats-Unis à la fin du XVe siècle par les Espagnols et retournés à l'état sauvage.

**Pas** Allure lente, à quatre temps, où chaque pied du cheval touche le sol à son tour.

**Pie** La couleur pie est le mélange de grandes taches noires et blanches ou marron et blanches.

**Pie alezan** Couleur composée de grandes taches blanches sur un fond d'une autre couleur.

**Poney** Équidé dont la taille est inférieure à 147 cm.

**Pouliche** Cheval femelle de moins de 4 ans.

**Pur-sang** Race de chevaux rapides dont les membres sont tous descendants de trois étalons arabes, Byerley Turk, Darley Arabian et Godolphin Arabian, rapportés en Grande-Bretagne au XVIIIe siècle.

**Rodéo** Épreuve équestre dans laquelle les cow-boys américains présentent leurs qualités de cavaliers, en restant le plus longtemps sur un cheval sauvage, et de gardiens de bétail, en attrapant au lasso un veau.

**Sabot** Partie cornée du pied du cheval faite de kératine, la même matière que les cheveux et les ongles humains.

**Sang-chaud** Toutes les races de chevaux issus du pur-sang et des races orientales, comme l'arabe et le berbère, sont dites à sang chaud. Le nom est lié au climat chaud des régions dont sont originaires les chevaux orientaux.

**Sang-froid** Ce terme désigne toutes les anciennes races d'Europe du Nord : les chevaux de trait lourd actuels, comme le shire, l'ardennais et le jütland.

**Saut d'obstacles** Épreuve qui consiste en un parcours avec une série d'obstacles. Les concurrents reçoivent des points de pénalité pour les fautes commises (barre tombée, refus ou dépassement du temps).

*Éperon sud-américain*

**Steeple-chase** Parcours de cross-country agrémenté d'obstacles et de fossés. Selon le règlement, tout parcours doit comprendre un obstacle d'eau. À l'origine, le steeple-chase était un cross-country d'un village à un autre.

**Timon** Barre transversale reliant le harnachement du cheval à un véhicule.

**Toupet** Touffe de poils qui pousse entre les oreilles et retombe sur le front.

**Trait** Lanières ou chaînes avec lesquelles le cheval attelé tire un véhicule.

**Trot** Allure à deux temps : le postérieur gauche et l'antérieur droit prennent appui en même temps, puis le postérieur droit et l'antérieur gauche.

**Warmblood** Races croisées entre les sang-chaud et les sang-froid, le hanovre et le trakehner en sont de bons exemples.

**Yearling** Poulain âgé de 1 an.

*Chevaux de Prjevalski*

71

# Index

## A
Accouplement 13
Âge 10
Allures 61
Amazone, monte en 30-31, 59
Amish 56
Anchiterium 9
Andalou 34, 40, 41
Âne du Poitou 7, 25, 53
  irlandais 25
Ânes domestiques 6, 7, 12, 14, 16, 19, 21-22, 24-27, 30, 32, 42, 46, 50
Ânes sauvages 7, 12, 16-17, 21, 24-25
Appaloosa 56
Arabe 38-39, 41-42, 51
Avelignese 51

## B
Balzane 34, 38, 40, 47
Barbe 38-39, 41
Bardot 26-27
Basuto 40
Boulet 38, 51
Boulonnais 51
Brabant 50-51
Break 49
Bride 33, 38, 42
Bronco 57
Brumby 36
Bucéphale 33
Buffalo Bill 56
Byerley Turk 38

## C
Cabriolet 54
Calèche 49
Camargue 37
Canon, os 6, 38
Carrosse 46
Cavalerie 42-43, 57
Chanfrein 19, 40, 43, 45
Char 22, 58, 60
Chariot 26, 34-35, 46, 48, 56-57, 62
Charrette 26, 46, 50, 52
Chasse à courre 23, 59-61
Châtaigne 11
Cheval de Prjevalski 13, 20-21, 36
  de trait italien 41
  de trait léger irlandais 47, 58
  du Wyoming 36
Chevalier 44-45
Cheval-vapeur 52
Chevaux à bascule 6
  de bât 36, 46, 54
  de bois 63
  de cirque 39
  de course 10-11, 38, 58-61
  de guerre 22-23, 31-33, 42-45
  de trait 21, 46, 50-55
  de trait léger 54-55
  de trait lourd 50-53
  mythiques 7, 21, 22-23
  sauvages 20-21, 36-37, 56
Cleveland 38, 54
Clydesdale 42
Cob 56
Collier 25, 46, 48, 50-51, 53-54
Communication 12-13, 18
Comportement 12-15, 18, 27, 40
Concours
  complet 59
  d'attelage 61
  hippique 58-61
Connemara 38
Corbillard 48, 54-55
Couagga 18-19
Couleur de robe
  alezan 38-41, 50-51, 56
  bai 36, 38-40
  gris 16, 38-42, 51, 55
  gris louvet 41
  gris pommelé 38, 40, 50-51, 58
  isabelle 41
  marron 38, 40
  noir 41, 55
  palomino 14, 38, 57
  pie 36, 39, 41, 56
  rouan 41
Couronne 6, 10, 11
Courses
  de cantines 57
  de chars 22, 58, 60
  d'endurance 59-60
  de plat 59-60
  de trot 60
Cow-boy 35, 56-57
Crâne 8-11, 21
Crin 16, 42, 61
Crinière 6-7, 13, 16-20, 27, 37, 41, 50, 56
Croisade 32, 44-45
Croisements 18-19, 24-27, 41

## D
Darley Arabian 38
Dartmoor 62
Demi-sang 38
Denture 8-12
Diligence 48-49
Doigt 6, 8-10
Domestication 22
Don Quichotte 42
Dos 6-7, 10, 13, 25
Dressage 31, 59-61
Dülmen 36

## E
École espagnole de Vienne 40
Élevage 58
Eohippus 8
Éperon 30, 42, 43, 44
Équidés 6-15, 19, 24, 26, 34, 56
Equus 6, 8-9, 16-18, 20-21, 24
Étalons 12-13, 26, 33, 37-38, 40, 51
Étampure 29
Étoile 37, 40
Étrier 30-32, 40, 42-43, 56-59
Évolution 8-9
Exmoor 20

## F
Falabella 40, 41
Fell 36
Ferrage 28-29, 32, 35, 48, 52, 62
Fjord 41
Foire aux ânes 25
  aux chevaux 39
Fossiles 8-9, 20
Fourchette 28
Frison 41

## GH
Garrot 6-7, 15, 17-18, 20, 25-26, 29, 31, 35, 38-39, 41, 51, 60
Gauchos 35
Gelderland 35, 40
Genou 10, 21
Gestation 14
Godolphin Arabian 38
Gymkhana 59
Haflinger 38, 51-52
Harnais 17, 22, 24-26, 30-31, 33-34, 46-51, 53-55, 61
Hémione, voir Ânes sauvages
Hipparion 8, 9
Hippidion 8
Hipposandale 29
Hyracotherium 8, 9

## IJ
Indiens d'Amérique 30, 34, 41, 46, 48, 56-57, 62
Irish draught 47
Jambe 16, 18, 19, 50, 61
Jockey-Club 58
Joute 44-45
Juments 10, 13-15, 24-25, 27, 40, 42, 46

## KL
Khur 17
Kiang 17
Konik 20
Koulan 7, 12, 17
Labourage 50, 51
Licorne 7
Lipizzan 31, 40
Liste 6, 34, 37, 40, 46

## M
Maréchal-ferrant 28-29, 62
Marengo 42
Marquage 23
Membre 7-8, 10, 12, 25, 36, 38-41, 61
Mensuration 7
Merychippus 8
Mesohippus 8, 9
Modèle 40
Mors 25, 30-31, 33, 42, 45-46, 48, 56-57
Mule 27, 43
Mulet 12, 24-27, 34, 46, 50, 53
Mustang 36, 37

## N
Naissance 14-15
New forest 37
Nez 6-7, 17-20, 25
Nonius 38

## O
Odorat 12
Oldenburg 40
Onagre 17, 42
Onohippidion 8
Oreille 7, 12, 14-19, 25-27
Ouïe 10, 12

## PQ
Palio, course du 58
Pansage 62
Parahippus 8
Parthes 32-33, 42
Paturon 6, 10, 51
Pelote 40
Percheron 40, 50-51
Périssodactyle 6
Phaéton 55
Piaffer 41, 61
Pinto 41
Pliohippus 8
Police montée 54, 56
Polo 59
Poney de Manipouri 40
  d'Islande 12
Poney-Express 56, 62
Poneys 6, 11-12, 20, 36-38, 41, 52, 60, 62-63
Poulains 11-12, 14-15, 18
Pouliches 14
Prjevalski, colonel 21
Pur-sang 38, 54, 58-59, 62
Queue 6-7, 18-19, 21, 25-27, 39, 41

## R
Raie de mulet 41
Rêne 24, 31-33, 42, 48-49, 59
Robe 27, 38-41
Rodéo 57
Rossinante 42
Roulotte de bohémiens 46, 47

## S
Sabot 6-10, 28-29, 63
Sangle 6, 25, 31, 48, 59
  passage de 6, 37
Sang
  -chaud 38
  -froid 38
Schooner, voir Vaisseau de la prairie
Scythes 30, 32, 34, 42
Selle 30-32, 42, 51
  anglaise 58, 59
  d'amazone 31
  de tournoi 45
  tibétaine 32
  western 56-57, 59
Shetland 6, 41, 62
Shire 7, 15, 28-29, 40, 50-51, 53
Skewbald 41
Sole 28, 29
Solipède 6, 10
Sports équestres 22, 38-39, 44-45, 57-61
Squelette 8-11, 21
Stampede 57
Standardbred 60-61
Stubbs, George 10-11
Stud-book 38
Stylet 10
Suffolk punch 51
Sulky 61

## T
Tache de ladre 37
Tarpan 20
Timbalier 42
Toupet 6-7, 16-17, 19-20, 27, 37
Tournoi 44-45
Traîneau 48, 52
Tridactyle 8-9
Trotter à l'amble 31, 60
Trotteur
  d'Orloff 38
  français 38

## VW
Vaisseau de la prairie 34, 35
Voitures 13, 22, 24, 26, 27, 33-35, 43, 46-49, 51-52, 54-55
Vue 10, 12
Waler 43
Warmblood 40
Wells Fargo 49
Welsh cob 49, 55

## Z
Zèbres 6-7, 12, 14, 16, 18-19
  de Chapman 7, 14, 18-19
  de Grévy 18-19
  des montagnes 18
Zébret 19
Zébroïde 18
Zébryde 19

## Notes

Dorling Kindersley tient à remercier : Alan Hills, Dave Gowers, Christi Graham, Sandra Marshall, Nick Nicholls et Barbara Winters du British Museum, et Colin Keates du Natural History Museum, pour leurs photographies. Cubb Chipperfield Limited, Foxhill Stables & Carriage Repository, Suzanne Gill, Wanda Lee Jones du Welshpool Andalusian Stud, Marwell Zoological Park, le National Shire Horse Centre, Harry Perkins et le Whitbread Hop Farm pour le prêt d'animaux et de véhicules à photographier. La Cavalerie de la Garde royale pour la fourniture du cavalier et du cheval timbalier, et The Knights of Arkley pour la scène de joute. The Berriewood Stud Farm, Carol Johnson et Plough Studios pour leur aide dans la recherche d'arènes et de studios pour les photographies. Alan Gentry du Natural History Museum, Christopher Gravett du Royal Armouries (HM Tower of London) et Rowena Loverance du British Museum pour leurs recherches. Céline Carez, Hannah Conduct, Liz Sephton, Christian Sévigny, Helena Spiteri et Cheryl Telfer pour leur collaboration éditoriale et graphique, et Jane Parker. Illustrations : John Woodcock.

Les Éditions Gallimard remercient Roland Bauchot, professeur d'université, pour la révision de la partie zoologique et François Cazenave pour sa collaboration éditoriale.

## Iconographie

h = haut, b = bas, c = centre, g = gauche, d = droit

Aerofilms : 21hg. Allsport : 58hd Vandystadt ; 59bd Ben Radford. American Museum of Natural History : 8cg, 9bd. Ardea : 14cgh, 14cg, 16c, 17cd Jean-Paul Ferreo ; 17bg Joanna Van Grusen. Barnaby's Picture Library : 43cd, 45bg. Bridgeman Art Library : 41hg Archiv für Kunst & Geschichte, Berlin ; 34bg Biblioteca National, Madrid ; 24hd, 51cbd, 60c British Library ; 49hg Guildhall Library ; 39cb Harrogate Museums and Art Galleries ; 35h, 56hg, 59hc collection particulière ; 57ch Smithsonian Institution, Washington, D.C. ; 32bg Musée Condé, Chantilly ; 58hg (détail) Musée d'Orsay, Paris ; 60hd (détail) Louvre, Paris. Trustees of the British Museum : 4chd, 7bd, 16hg, 17bd, 22hg, 22cg, 23hd, 26c, 28c, 33hd, 34bd, 36bg. Bruce Coleman Ltd. : 12bg C. Hughes ; 18b J. & D. Bartlett ; 39hg C. Henneghien. Mike Den : 23hg, 27hg, 46chg, 50hd, 54cg, 63hd. Dorling Kindersley : 37hd Dave King (avec la permission du National Motor Museum, Beaulieu) ; 27hd, 36hg, 38 (excepté 38bd), 40bg, 41 (excepté 41hg, 41bd), 50c, 50-51b, 51c, 51cd, 51cbd, 56bg, 63cb Bob Langrish. Mary Evans Picture Library : 23bg, 32hd. Robert Harding Picture Library : 21cd, 24cd, 48hc, 51bc, 56cd. Alan Hills : 20bg. Hirmer : 33hg. Michael Holford : 31hc, 44hg, 47hc, 59bc, 60bg. Hulton Picture Collection : 53b, 63bg. Kentucky Horse Park, États-Unis 67bc. Frank Lane Picture Agency : 12bd. Bob Langrish : 37hg, 40bd, 41bd, 54cd, 56cg, 57h, 58bc, 59hd, 61hg, 61hd, 65hd, 66-67. Jim Lockwood, Courage Shire Horse Centre, Berks : 67bg ; The Mansell Collection : 42bg. Peter Munt, Ascot Driving Stables, Berks 67hd. Prince d'Elle, Haras national de Saint Lo 66bc. Natural History Photographic Agency : 14bd Patrick Fagot ; 21bd E. Hanumantha Rao ; 36bg, 60cg A.N.T. Peter Newark's Western Americana : 34hd, 34cd, 43hg, 48cb, 55hg, 57cb, 57bg, 62h. Only Horses : 37c, 62bg. Oxford Scientific Film : 17hc Anup Shah/ Okapia. Planet Earth : 19bd Nick Greaves. Kilverstone Wildlife Park, Norfolk 65bd. Spinway Bright Morning, Miss S. Hodgkins, Spinway Stud, Oxon 66 hd. Ann Ronan Picture Library : 6hd. The Board of Trustees of Royal Armouries : 2c, 43cg, 45hc, 45cd. Whitbread Brewery : 13cd. Zefa : 12hd, 13hd, 24cgh, 24bg, 25cd, 35bd, 36cg, 46cb, 52cg, 52bd.

Couverture : 1er plat : hg Alex Wilson/ Paul Scannel - modelmaker © Dorling Kindersley, hm Kit Houghton © Dorling Kindersley, hd Barnabas Kindersley © Dorling Kindersley, b © Nastenok/ Shutterstock ; dos : h et b Tim Ridley © Dorling Kindersley, m © Dorling Kindersley ; 4e plat : hg Peter Chadwick © Dorling Kindersley, hd © Dorling Kindersley, mg © Conny Sjostrom/ Shutterstock et md © Abramova Kseniya/ Shutterstock.

Tout a été fait pour retrouver les propriétaires des copyrights. Nous nous excusons par tout oubli involontaire. Nous serons heureux, à l'avenir, de pouvoir les réparer.

Comité éditorial : à Londres : Louise Barratt, Marion Dent, Julia Harris, Jutta Kaiser-Atcherley, Diana Morris, Helen Parker et à Paris : Christine Baker, Manne Héron et Jacques Marziou Édition française préparée par Pierre-Charles Le Métayer, éleveur de chevaux. Rééditions : suivi éditorial : Eric Pierrat et Françoise Laurent. En 2007 : PAO : David Alazraki ; Correction : Sylvette Tollard et Éliane Rizo. En 2012, page Internet associée : Bénédicte Nambotin, Françoise Favez et Victor Dillinger.